人居
环境

园　林

人居环境编委会　编著

中国大百科全书出版社

图书在版编目（CIP）数据

园林 / 人居环境编委会编著. -- 北京 : 中国大百科全书出版社，2025. 1. --（人居环境）. -- ISBN 978-7-5202-1832-0

Ⅰ. TU986.61-49

中国国家版本馆 CIP 数据核字第 20253DU312 号

总 策 划：刘 杭　郭继艳
策划编辑：张志芳
责任编辑：李 娜
责任校对：邵桄炜
责任印制：王亚青
出版发行：中国大百科全书出版社有限公司
地　　址：北京市西城区阜成门北大街 17 号
邮政编码：100037
电　　话：010-88390811
网　　址：http://www.ecph.com.cn
印　　刷：唐山富达印务有限公司
开　　本：710mm×1000mm　1/16
印　　张：10
字　　数：100 千字
版　　次：2025 年 1 月第 1 版
印　　次：2025 年 1 月第 1 次印刷
书　　号：ISBN 978-7-5202-1832-0
定　　价：48.00 元

—— 总　序

这是一套面向大众、根植于《中国大百科全书》第三版（以下简称百科三版）的百科通俗读物。

百科全书是概要记述人类一切门类知识或某一门类知识的完备的工具书。它的主要作用是供人们随时查检需要的知识和事实资料，还具有扩大读者知识视野和帮助人们系统求知的教育作用，常被誉为"没有围墙的大学"。简而言之，它是回答问题的书，是扩展知识的书。

中国大百科全书出版社从 1978 年起，陆续编纂出版了《中国大百科全书》第一版、第二版和第三版。这是我国科学文化建设的一项重要基础性、标志性、创新性工程，是在百年未有之大变局和中华民族伟大复兴全局的大背景下，提升我国文化软实力、提高中华文化国际影响力的一项重要举措，具有重大的现实意义和深远的历史意义。

百科三版的编纂工作经国务院立项，得到国家各有关部门、全国科学文化研究机构、学术团体、高等院校的大力支持，专家、学者 5 万余人参与编纂，代表了各学科最高的专业水平。专家、作者和编辑人员殚精竭虑，按照习近平总书记的要求，努力将百科三版建设成有中国特色、有国际影响力的权威知识宝库。截至 2023 年底，百科三版通过网站（www.zgbk.com）发布了 50 余万个网络版条目，并陆续出版了一批纸质版学科卷百科全书，将中国的百科全书事业推向了一个新的高度。

重文修武，耕读传家，是我们中国人悠久的文化传承。作为出版人，我们以传播科学文化知识为己任，希望通过出版更多优秀的出版物来落实总书记的要求——推动文化繁荣、建设中华民族现代文明，努力建设中国式现代化强国。

为了更好地向大众普及科学文化知识，我们从《中国大百科全书》第三版中选取一些条目，通过"人居环境""科学通识""地球知识""工艺美术""动物百科""植物百科""渔猎文明""交通百科"等主题结集成册，精心策划了这套大众版图书。其中每一个主题包含不同数量的分册，不仅保持条目的科学性、知识性、准确性、严谨性，而且具备趣味性、可读性，语言风格和内容深度上更适合非专业读者，希望读者在领略丰富多彩的各领域知识之时，也能了解到书中展示的科学的知识体系。

衷心希望广大读者喜爱这套丛书，并敬请对书中不足之处给予批评指正！

《中国大百科全书》编辑部

"人居环境"丛书序

    人居环境科学理论与实践是中国改革开放 40 周年的标志性成果之一。1993 年，吴良镛、周干峙与林志群在中国科学院技术科学部大会上提出建立"人居环境学"设想，将其作为一种以人与自然协调为中心、以居住环境为研究对象的新的学科群。2012 年，吴良镛获得 2011 年度国家最高科技奖，国家最高科学技术奖评审委员会评审意见认为："吴良镛院士是我国人居环境科学的创建者。他建立了以人居环境建设为核心的空间规划设计方法和实践模式，为实现有序空间和宜居环境的目标提供理论框架。"这意味着人居环境科学已得到学界的认可。

    人居环境科学是涉及人居环境有关的多学科交叉的开放的学科群组。人居环境科学强调"建筑—城乡规划—风景园林"三位一体，作为人居环境科学的核心，地理学、生态学、环境科学、遥感与信息系统等是与人居环境科学关系密切的外围学科，以上这些学科共同构成了开放的人居环境科学学科体系。可见，人居环境科学的融合与发展离不开运用多种学科的成果，特别要借重各自的相邻学科的渗透和展拓，来创造性地解决复杂的实践中的问题。

    人居环境是人居环境科学理论与实践的研究对象，其建设意义重大。党的二十大报告将"城乡人居环境明显改善"列入全面建设社会主义现代化国家未来五年的主要目标任务。这充分体现了城乡人居环境建设在党和国家事业发展全局中的重要地位。为此，依托《中国大百科全书》

第三版人居环境科学（含建筑学、风景园林学、城乡规划学）、土木工程、中国地理、作物学等学科内容，编委会策划了"人居环境"丛书，含《中国皇家名园》《中国私家名园》《古建》《古城》《园林》《名桥》《山水田园》《亭台楼阁》《雕梁画作》《植物景观》十册。在其内容选取上，采取"点"与"面"相结合的方式，并注重"古与今""中与西"纵横两个维度，读者可从其中领略人居环境中蕴藏的文化瑰宝。

希望这套丛书能够让更多的读者进一步探索人居环境科学理论与实践体系！

人居环境丛书编委会

目 录

第1章 中国风景园林 1

第2章 外国风景园林 93

中国风景园林

中国古典园林

皇家园林

皇家园林指历朝历代由皇室兴造专供帝后游幸居住，具有园林特征的离宫别苑的概括代称。

在历史上，习惯用囿、苑、园、离宫、御园，以及上林、御花园等名称。皇家园林是中国园林学科分类的专用名词，出现在近现代园林专著中，与私家园林、寺庙园林、风景名胜园林等并列，被广泛引用。

◆ **先秦时期**

被划入中国皇家园林范畴内的"囿"，出现于公元前 11 世纪的殷周时代，是见于史籍文字记载最早的中国园林形态，在甲骨文中"囿"写作▦，象形四周有围墙，中间植有树木，是供天子、诸侯蓄养禽兽狩猎行乐的场所。著名的囿有沙丘囿与灵囿。沙丘囿地处今河北省的广宗县境内，为殷商时期所建。据《史记·殷本纪》记载，是纣王酒池肉林发生的地方，也是后来战国时期赵武灵王为乱兵所困饿死和秦始皇于巡视途中病死的地方。灵囿为周文王所建，见于《诗经·大雅·灵台》，诗中有灵台、灵囿、灵沼的描绘，后世将其称为"三灵"，从而推演出当时帝王园林的形态。而这种形态，与后世中国园林（包括皇家园林和其他类别的园林）的特质，具有相似相近的元素基因，便将"三灵"的集合出现视作中国园林的源头。并由此得出，有记载的中国园林具有三千多年的结论。

◆ 秦始皇时期

公元前 221 年，秦始皇统一中国，将天下 20 万户迁到都城洛阳，又将在统一战争中被灭掉的诸侯国的宫室拆迁到咸阳北坂。由于财力、物力和全国各地建筑技艺的高度集中，秦宫室兴建的规模空前庞大。仅咸阳宫一处，就有"东西八百里，离宫别馆相望属也"的记载。

皇家园林可见的最早记载是秦始皇建于渭水之南的上林苑。著名的阿房宫就建在上林苑内，历史记载阿房宫"东西五百步，南北五十丈，上可坐万人，下可以建五丈旗"，从中可以推想上林苑内的宏大规模。除上林苑之外，还有一座甘泉苑。秦朝灭亡后，这些宫苑被项羽烧毁，仅存在了十多年的时间。一千年后，唐代大诗人杜牧撰写的《阿房宫赋》中有"五步一楼，十步一阁；廊腰缦回，檐牙高啄；各抱地势，钩心斗角……长桥卧波，未云何龙？复道行空，不霁何虹"的描写。当时，阿房宫早已不存在，文中的景物是历代宫苑形象生动的概括，也是后世宫苑所追摹的境界。（注：经专家考证，杜牧所描述的阿房宫没有遗址证据，因此赋中的阿房宫历史上并不存在。）

◆ 两汉时期

汉代的皇家园林，突出的有汉武帝刘彻在秦代上林苑基础上扩建的上林苑。西汉初年，汉室袭用了秦的上林苑，自汉武帝建元三年（公元前138）开始大肆扩建。史书记载，上林苑"广长三百里，苑内养百兽，天子春秋射猎苑中，取兽无数。其中离宫七十所，容千乘万骑"。由此看来，上林苑中不但具有供帝王射猎的囿的功能，同时拥有众多的宫室建筑，具备了供皇帝止宿游乐等多种用途。从宫观的名称里，也可以反映出使用功能。例如望远宫是登高的，宣曲宫和音乐有关，葡萄宫种植葡萄等。称作观的，如观象观、白鹿观、鱼鸟观应该和饲养动物观赏有关。茧观有明确的记载："上林苑有茧馆，盖蚕茧之观也。"

上林苑中还有许多称作池的水域，如昆明池、镐池、祀池、麋池、牛首池等。其中昆明池系人工开凿，方圆四十里，不但大，而且它的开凿还有一段故事。据说汉武帝曾在昆明池中教习水战，为攻打昆明国进行演练，才取名为昆明池。修建昆明池不单是为了军事目的，池上还有龙首船，宫女们在船中作乐歌唱，供帝后娱乐。昆明池东西两岸分别树立一尊石雕像，象征天河两岸的牵牛织女星。

规模巨大的上林苑中，还有一座规模宏阔的建章宫。这是一座宫城，是自成一体的苑中之苑。在建章宫以北，还有一个比昆明池晚建十年的太液池，从名称上可看出，这是一个碧波荡漾的宽广水域。太液池中，筑有高达二十丈的渐台，并在水中堆造蓬莱、方丈、瀛洲三座海上神山。这三座神山的出现，形成了后世皇家园林中被奉为经典、为历代仿效的一池三山皇家园林模式。

西汉上林苑，奠定了中国皇家园林的基本内容和形式。它本身存在约100年，西汉末年，王莽曾拆用了上林苑的建筑材料。后来汉光武帝刘秀迁都洛阳，这所规模空前绝后、功能齐备的宫苑就被废弃了。但"上林"二字常被用作皇家园林的代称出现在历代诗文之中。

东汉建都于本为西汉陪都的洛阳，原有的宫殿有了很大的发展，同时修筑了专供帝王游乐的苑囿。东汉科学家、文学家张衡在《东京赋》中有这样的描写："濯龙芳林，九谷八溪。芙蓉覆水，秋兰被涯，渚戏跃鱼，渊游龟蠵，永安离宫，脩竹冬青"便是对东汉皇家园林的风情描绘。

值得注意的是，东汉永平十年（公元67），佛教传入中国。次年，明帝刘庄在洛阳建白马寺，为寺庙园林的出现创造了条件，也为后世皇家园林中不同宗派寺庙建筑的出现奠定了基础。

◆ 三国至南北朝时期

东汉以后建都洛阳的政权有三国时的曹魏、西晋、北魏，这些割据政权的帝室也都沿用东汉宫苑或营构新的苑囿。

三国至南北朝时期，割据南方、建都南京的政权有东吴、东晋、宋、齐、梁、陈六代，使南京呈现空前的繁华，有"六朝金粉"的说法。这些政权在广造宫殿的同时，也都营建了苑囿，如东吴的西苑、东晋的华林园等。刘宋时期，玄武湖中立起了方丈、蓬莱、瀛洲三座神山，后来又迁走了东晋的郊坛，在覆舟山建乐游苑。齐建芳林苑、玄圃。苑中山石都涂上了五彩颜色，可见奢华。梁在齐东宫的基址上凿九曲池，立亭馆。陈为文皇后筑安德宫。隋灭陈以后，建康（南京旧称）城邑被犁为耕地。一个半世纪以后，唐代大诗人李白在凭吊这些宫苑的遗址时，写出了"吴宫花草埋幽径，晋代衣冠成古丘"的名句。

同期在北方，如三国曹魏在邺都建铜爵园，铜雀台便在园中。在洛阳建芳林园，后改名华林园。这些园林后来被北朝皇室重修，增饰所沿用。北魏创立者拓跋珪在新大同附近，北依长城建鹿苑。

◆ 隋唐时期

隋唐均建都长安，以洛阳为陪都，称之为"东都"，隋唐时代的皇家园林都建于长安和洛阳一带。

隋炀帝杨广在大业元年（605）于洛阳城西营建了规模宏大的西苑，周围达 200 里。苑内为海，海上建方丈、蓬莱、瀛洲三岛，高百余尺。苑内还以东南西北中方位布置迎阳、翠光、金明、洁水、广明 5 个湖泊，并用龙鳞渠迂回沟通，网络成一个周流完整的水系。渠宽 20 步，可以行使龙船凤舸。水系周边，分布 16 座宫院，蓄养美女，穷奢极欲。西苑的山水格局对后世皇家园林产生了影响，清代圆明园的水系处理与其极为相似。

唐代作为中国封建社会的鼎盛时期，在都城长安的宫苑规模中也体现了出来。唐代的三大内（即大明宫、太极宫、兴庆宫）都是宫和苑相糅合的建筑群。大明宫内有以太液池为中心的园林区，太液池中心堆有蓬莱山，沿池筑有回廊，串联着楼台亭阁。太极宫袭用隋代的大兴宫，内有四大海，分布在宫殿之间，是唐初大明宫、兴庆宫没有兴建以前帝王主要的活动和游幸场所。兴庆宫的园林成分更多，园林区占有一半，并以牡丹花闻名于长安。李白写《清平调三首》触犯杨贵妃的故事就发生在这里。"沉香亭北倚阑干"中的沉香亭在兴庆宫内龙池之畔。除三大内外，唐代还有几处禁苑，其中最大一处在大明宫西侧，占地东西可达 13 里。

唐代皇家园林还有两处，一是曲江之畔的芙蓉园，二是临潼骊山的骊宫（华清宫）。芙蓉园是盛唐时期所兴建的一处离宫性质的别苑。为方便皇室游幸，沿南北城墙内侧增建夹道，以备车马仪仗来往兴庆宫大内宫室之间。华清宫是长生殿故事发生的地方，宫内的华清池是一处温泉，曾吸引过周幽王以来的许多帝王。唐代的华清宫既可避暑，又可消寒。

◆ **宋代**

北宋建都开封（汴梁），时称东京。有宫城、内城、外城之设。皇家园林除大内御苑外，在外城墙外各建了一座行宫御苑：琼林苑（西）、玉津园（南）、宜春苑（东）、含芳园（北），号称"东京四苑"。有绘画作品《金明池争标图》且流传至今的金明池处于外城西部顺天门外北侧，隔街与南侧琼林苑相对。四苑皆建于北宋之初，而后期在内城东北角所兴建的艮岳却是宋代动静最大、影响最深、能创新宫廷造园艺术高端趣旨的一座皇家园林。它从兴建到被毁不足 20 年，却对后世皇家园林产生重大影响。

南宋建都临安（今浙江杭州），得凤凰山、西湖自然山水之胜。皇室除建皇宫后苑外，于天竺山下建竺御苑，于西湖畔建聚景园，又于宫城之东建富景园。理宗赵昀在位时（1224 ～ 1264）还将抗金名将刘光世的私园扩建成皇家御苑，名玉壶园。

◆ **元明清**

元明清三代政权均建都北京。北京是皇家园林实物保存最多的古都。元大都北京城市中轴线是根据始建于金代的北京琼华岛作为基准而确定的,这条中轴线经明清发展沿用,一直为当代北京城市规划所遵循。可以说,作为皇家园林的北海琼华岛,可视作北京城的原生点和内核。北海琼华岛已有850多年历史,历代改建修葺,定型于清代,是世界上保存至今历史最为悠久的皇城御苑。

明代建紫禁城时,包括北海在内的三海,统称西苑,平行于紫禁城西侧,隔街相对,形成大内皇家园林的模式。紫禁城正北的景山,基址原为元代宫城的后苑,是中轴线的制高点。

清代是皇室造园较多、遗存实物最多的中国最后一个封建王朝,其行文中将其所建的皇家园林称为"国朝苑囿"。清代康乾盛世是皇家园林兴建的高峰期,突出的有三山五园和承德避暑山庄。三山五园在北京西北郊,利用自然山水地貌所形成。其中畅春园是康熙时期在明代清华园的基础上改建。圆明园是雍正皇子时期的赐园,登位后,扩建而成,至乾隆九年(1744)形成圆明园四十景,并拓建长春园、万春园,形成圆明三园一体的格局。香山静宜园和玉泉山静明园在金代皇室即有所开发,均完成于清代乾隆(1736~1795)年间,有静宜二十八景和静明十六景的规模。取名多为山地自然景观。万寿山清漪园,为三山五园中最后兴建的一座。由万寿山、昆明湖组成,山水并重,尤以浩渺的水景突出。不但弥补了三山五园中宏阔水面的缺憾,而且地处已建成四园的中心,将三山五园呼应联络成一气。避暑山庄是康熙时在热河(今河北承德）兴建的一座典型的离宫御苑，规模宏大，内有康熙三十六景和乾隆三十六景的布局，苑外还分布着八座寺庙，因"园林设计与独特的自然环境完美融合……其景观设计在 18 世纪具有世界范围的影响力"在1994 年被列入世界文化遗产。三山五园均在 1860 年遭英法联军焚劫，其中清漪园经光绪时慈禧复建，改名颐和园。颐和园不但是清代皇家造园的终结，随着封建帝制覆灭，也成为中国皇家园林兴建的绝响。1998年，颐和园以"以颐和园为代表的中国皇家园林，是世界几大文明之一的有力象征"的高度评价被列入《世界遗产名录》。

中国皇家园林大都毁于朝代更替时的战火，或荒废于都城迁变之时，明清以前的完整实物已很难见到，唯有以山水构架的御苑，从山水地貌上还可以依稀辨认原有的自然风貌，或者在发掘的殿堂台基的残址上想见当时宏大辉煌的建筑规模。至于苑中的珍禽异兽、奇花异草、观赏池鱼，以及宏富的陈设收藏，只有从历史文献中才能窥其一斑。其中，自汉代以来有关皇家园林的文学描写最令人神往，如司马相如的《上林赋》、扬雄的《羽猎赋》，不但形象地勾画出皇家园林的无比宏丽，而且描绘了帝王在范围中极为奢华的宴游活动场面，这些不但为我们解读古代皇家园林留下了丰富的信息和依据，而且为汉代以后帝王造园勾画出可供遵循的范本。直至最后一座皇家园林——清代的颐和园中的景物还能溯源到汉代御苑中的建构，这正是皇家园林区别其他属性的古代园林的重要特征。

历代发生在皇家园林中的历史事件和故事证明，中国皇家园林既是封建社会太平盛世的标志，又是王朝末代衰亡的见证。饱含历史沧桑的皇家园林，除却给我们以历史特殊视觉的启示以外，由于它的兴造可以动用和聚敛全国的财力、人力、智力和物力，同时又不受权势的制约和逾制僭越的忌讳，所以皇家园林不但动辄有跨山连谷、绵亘数十里至百里之遥的规模，而且在规划布局、建筑造景、占有山水自然和融合吸收全国园林建筑景观精华诸方面，更具有皇家钦工的绝对优势。因此，一代代、一座座广袤的园林艺术精品出现，又一代代、一座座消失在历史的沧桑变化之中。"吴宫花草埋幽径，晋代衣冠成古丘"，千年之前，就有这样的悲叹。

皇家园林是中国古代园林中一个钤上皇家印记的特殊品类，也是皇家文化的重要组成部分，它的兴衰荣辱，紧扣朝代的兴亡命祚，与政治（含军事）、经济、文化的发展变化息息相关。园林作为一种文化现象，它的营造，除了政治经济基础的支撑以外，文化的积累沉淀更为重要，所谓盛世兴园林，正是文化走进繁荣的一个明显标志。园林文化是立体、直观、生动、综合的物化空间，是能置身其中，体验参与的实体多元文化形态。皇家园林往往能够折射一个朝代的文化峰值，它既是时代文化的产物，也是一个时代文化的标志。

寺观园林

寺观园林指佛寺、道观、坛庙、历史名人纪念性祠庙的园林。

◆ 发展

寺观园林最晚在公元4世纪就已经出现。中国东晋太元（376～396）年间，僧人慧远营造的庐山东林寺已是融入自然景观环境的禅林。《洛阳伽蓝记》描述北魏洛阳旧城内外的许多寺庙："堂宇宏美，林木萧森"，"庭列修竹，檐拂高松"，"斜峰入牖，曲沼环堂"。可以想见当时城内寺庙园林的盛况。从两晋、南北朝到唐、宋、明、清，寺庙、道观、祠庙园林的发展在数量和规模上都十分可观，名山大岳和文化古城几乎都有这种园林。

寺观园林的产生和发展有多方面的因素：①寺观园林塑造自然山水景致。寺观摹写"仙境""极乐世界"，把彼岸乐土化作现世净土的宗教需要和祠庙表征先贤哲人高洁品德的文化需要。②佛教禅理和道教玄学导致僧人、道士都崇尚自然。寺观选址名山胜地，悉心营造园林景致，也是中国宗教哲学思想的产物。③两晋、南北朝的贵族有"舍宅为寺"的风尚。包含着宅园的第宅转化为寺庙，带来了早期寺观现成的园林。

◆ 特点

寺观园林有一些值得注意的特点：①佛寺、道观园林不属皇家专有或私家专用，而带有公共游览性质，是古代市民阶层得以接触的园林。②帝王苑、囿常因改朝换代而废毁，私家园林难免受家业衰落而败损，寺观园林则具有较稳定的连续性。一些著名寺观的大型园林往往历经若干世纪的持续开发，不断地扩充规模，精化景观，积累着宗教古迹，题刻下吟诵、品评。自然景观与人文景观相交织，使寺庙园林有着与时俱增的历史文化价值。③在选址上，宫苑多限于京都城郊，私园多邻于第宅近旁，而寺观则散布在广阔区域，有条件挑选自然环境优越、风景地貌独特的名山胜地，具有得天独厚的园林自然资源。④寺庙园林十分注重因地制宜，善于根据所处的地貌环境，利用山岩、洞穴、溪涧、深潭、清泉、奇石、丛林、古树，通过亭、廊、桥、坊、堂、榭、塔、幢、摩岩造像、碑石题刻等的组合，创造出富有天然情趣，带有或浓或淡宗教意味的园林景观。

◆　布局

寺庙园林随寺观、祠庙所处地段呈现不同的布局，大致有庭园、附园、组群园林化、环境园林化四种类型。有的以某型为主，有的兼而有之。庭园呈花木庭、山池庭、池泉庭等多样意趣，附园的基本格局近似于私家宅园。位于山林环境的大型寺观，如杭州灵隐寺、杭州虎跑寺、福州涌泉寺、乐山凌云寺、青城山天师洞、峨眉山清音阁等，则着力于寺观内外天然景观的利用，通过少量景观建筑、宗教景物的穿插、点缀和游览路线的剪辑、连接，构成组群整体的园林化和环绕寺院周围、贯通寺院内外的风景园式的格局。这类寺观多有或长或短的香道，常常结合

涌泉寺天王殿

丛林、溪流、山道的自然特色，点缀山亭、牌坊、小桥、放生池、摩岩造像、摩岩题刻等，组成寺庙园林的景观序列。香道成为从"尘世"通向"净土""仙界"的情绪过渡，也起到烘托宗教氛围，激发游人兴致，逐步引入宗教天地和景观佳境的铺垫作用。

苏州园林

苏州园林是中国古典园林的典型代表。苏州园林在中国园林史上占有重要地位，现存苏州古典园林 53 处，其中 9 处被联合国教科文组织列入《世界遗产名录》。

◆ 历史沿革

苏州优美的自然环境、发达的社会经济、兴盛的文化艺术为苏州园林的兴盛提供了物质基础和文化氛围，使之逐步形成了典型的文人写意山水园林艺术体系。

春秋战国时期

始于春秋时代的吴王宫苑是苏州园林的发端，多建于太湖山水之间。春秋战国时期，吴王建城（公元前 514）前后已有苑囿。从吴王寿梦、阖闾到夫差，都在城内和郊外的山水之间大兴宫室苑囿，如夏驾湖、长洲苑、华林园、梧桐园、吴宫后园、姑苏台、虎丘、郊台、馆娃宫、流杯亭等，还建有鹿苑（冈大路《中国宫苑园林史考》），这些都是当时著名的苑囿。吴国贵族秋冬居城，春夏居山，田猎游赏，行乐歌舞，极尽王公贵族享乐之事。据《吴地记》记载，夏驾湖是吴国最早的苑囿，为"寿梦盛夏乘驾纳凉之处，凿湖为池，置苑为囿"。梧桐园系苏州以植物命名的最早园苑，是早期园囿注重植物栽培和造景的反映。姑苏台则以豪奢繁华著称于史，是吴国极尽财富而建的宫苑。童寯在《江南园林志》中记述："楚灵王之章华台，吴王夫差之姑苏台，假文王灵台之名，开后世苑囿之渐。非用以观象，而用以宴乐。"吴越争霸，夫差亡国，高台巨榭毁于兵燹，仅留下少数遗址，如灵岩山上的馆娃宫遗址，传为越王献西施于此；又有响屧廊、采香泾、琴台等故迹（《吴郡志》）。再如虎丘为吴王离宫之一，相传阖闾死后葬于剑池之下，绝岩耸壑，茂林深篁，有千人石、试剑石等遗迹，遂成为"吴中第一名胜"。

两汉三国时期

受前代王室宫苑的影响，苏州地方官员在衙署中起造园林。汉元朔四年（公元前 125），朱买臣任会稽太守，郡治在子城吴宫故址，府衙置有园林。据《汉书·朱买臣传》记载，将其妻带回衙署，"置园中，给食之"。《越绝书》记载："六年十二月乙卯凿官池，东西十五丈七尺，南北三十丈。"府衙内有如此大池，可见园景规模之大。刘濞治吴时，曾修葺长洲苑，《越绝书》称其胜过在长安的秦汉旧苑上林苑。衙署兴园，不仅规模广大，而且山池逶迤，景致扶疏，已初具造园要素。

两汉时，渐有私人园宅记载，如《吴越春秋》《越绝书》等。私人宅园与帝王宫苑大不相同，在满足于私人起居生活的前提下，主人在自家院中寻求自然山水之趣，获得精神上的满足。这种具备起居和玩赏功能的园林创作与社会文化的发展有密切关系。如西汉张长史的隐居植桑地，后人作《五亩园志序》称其"胜绝一时"。其时，吴中私家园囿已渐多，并在园中栽花植木和放养观赏动物。如周瑜宅有手植古柏留存后世。三国时吴县人陆玑《毛诗草木鸟兽虫鱼疏》"鹤鸣于九皋"条下录：鹤，"今吴人园囿中及士大夫家皆养之"。

随着佛教的传入，佛教建筑兴起，殿宇以外有附属的园林。三国时，孙权为乳母陈氏建通玄寺，为苏州最古老的佛寺之一，唐代改名开元寺，寺中有园。唐人韦应物往游，咏曰："果园新雨后，香台照日初。绿阴生昼静，孤花表春馀"（《游开元精舍》）；李绅《开元寺》诗序："此寺多太湖石，有峰峦奇状者。"从中可见其林泉概貌。苏州城内或郊野多有高士隐居，求仙炼丹，寺庙道观兴盛。据《吴地记》记载，当时的寺观园林众多，如玄妙观、承天寺、瑞光禅院、永定寺、保圣寺、云岩寺、天峰寺、秀峰寺、寒山寺、司徒庙、光福寺等，不但是寺观，而且都具有花木泉石之胜。

南朝时期

晋室南迁，苏州顾、陆、朱、张四大姓庄园皆"牛羊掩原隰，田池布千里"。魏晋时期，士大夫好玄谈，追求隐逸的桃源生活，以寄情田园、山水之间为高雅。于是，苏州兴起模拟自然野趣的宅第园林，或在山水间营造山庄园林。最著名的是东晋顾氏辟疆园，有池馆林泉怪石之胜，号称"吴中第一名园"。王珣兄弟在虎丘建山庄园林。据《宋书·隐逸传》记载，戴颙"乃出居吴下，吴下士人共为筑室，聚石引水，植林开涧，少时繁密，有若自然"，可见证当时苏州自然山水园林艺术水平，亦为文人士大夫私家造园叠石的较早记述。

唐代时期

唐代苏州，已成为"人稠过扬州，坊闹半长安"的"繁雄之州"，并有"甲郡标天下"的美赞。一些世族豪门、官宦以及文人雅士聚居吴中，为文化艺术的发展提供了充分的条件。由于衙署、宅园、寺庙俱好叠石赏玩，太湖石已成为欣赏对象和造园材料。赏花亦成时尚，园内以花木茂盛为胜。此时庭院引种桂花已普遍，吟桂蔚然成风。大酒巷（今大井巷处）有富人植花浚池，酿酒以延宾旅，可见酒肆亦置园池。据记载，皮日休、陆龟蒙与吴中名士游任晦园，赋诗记述了园中白莲。白居易任苏州刺史（825）时，州衙中园圃规模甚大，并开筑山塘河堤，植桃柳两千余株，"年游虎丘十二度"，形成游赏山水名胜的旅游之风。虎丘、枫桥、石湖、灵岩、天平、邓尉、洞庭东山和西山成为著名的风景游览胜地。

五代时期

随着生产力的发展，苏州造园活动更趋活跃，形成造园高峰时期。造园艺术风格更加文人化。除城区内的私园外，郊外的自然山水优美之地也先后出现私家园林别墅。同时，源于唐代的市肆中的酒楼茶馆园林至此风靡一时。官方还建造接待内外宾客的姑苏馆、望云馆、高丽亭、吴门亭等，其中均置园林。

吴越广陵王钱元璙（887～942）祖孙三代及其部下，极喜营造，曾营建多处名园，如南园和东庄，《吴郡图经续记》中记述了南园规模宏丽、楼阁重叠、池水萦回、名木合抱的优美景色。北宋诗人王禹偁曾作诗述怀："天子优贤是有唐，鉴湖恩赐贺知章。他年我若功成去，乞取南园作醉乡。"从诗句对南园的艳慕赞叹中，可以想象南园的迷人胜概。钱元璙子钱文奉之东庄，经营30年，极园池之盛，奇卉异木，皆成合抱；累土为山，亦成岩谷。钱元璙部将孙承祐也大造园池，颇具山林野趣。孙氏池馆遗址后来为宋代苏舜钦所得而有"沧浪亭"，经历代营建，终成一代名园。钱元璙第三子钱文恽建金谷园，掘池、筑台，高岗清池、茂林珍木成为一时胜境。

宋代时期

北宋绍圣（1094～1098）年间，枢密使章楶的桃花坞别墅，广700余亩，桃花坞一带风光优美，成为郡人春游看花之处。景祐二年（1035），范仲淹奏立苏州府学，学府内池圃幽邃，开苏州书院园林之先河。衙署园林每年春天修饰一新，纵民游玩，以示同乐。范仲淹后又建义庄园林。北宋末年，宋徽宗赵佶在东京营园囿艮岳，于苏州设应奉局，令采江南奇花异石，《宋史·朱勔传》称"士民家一石一木稍堪玩，必撤屋抉墙以出"，可见当时苏州造园风气已较普遍。朱勔亦建有同乐园，还在自家的养植园栽名贵牡丹；还强取豪夺奇峰异石，至今留有"花石纲"遗物——太湖石巨峰瑞云峰（织造府遗址）和冠云峰（留园）以及狮子林的众多石峰等。

瑞云峰

宋时，苏州的文人园较前显著增多。刘敦桢在《中国古代建筑史》中指出，宋代"江南园林有不少文人画家参与园林设计的工作，因而园林与文学、山水画结合密切，形成了中国园林发展中的一个重要阶段"。最典型的是田园诗人范成大归隐石湖所建的石湖别墅，他还写出脍炙人口的《梅谱》《菊谱》《太湖石志》等著作。这一时期苏州典型的园林

还有苏子美的沧浪亭、朱长
文的乐圃、史正志的万卷堂
（今网师园），以及吴感的
红梅阁（今听枫园）等。

网师园山水景色

元代时期

元代，文人写意山水园林得到进一步发展。文人士大夫有目的地参
与园林的设计，创造具有意境的自然山水园林，使苏州园林的艺术手法
达到一个新的水平。这一时期的代表性园林有：①徐达佐的耕渔轩。在
吴县光福，扶疏之林，葱茜之圃，棋布鳞次，映带左右，倪云林为园绘
《耕渔图》。②顾仲瑛的玉山草堂。在昆山正仪，亭馆凡二十四处，张
大纯《姑苏采风类记》称其"园池亭榭，宾朋声伎之盛，甲于天下"。
③张士诚的锦春园。在古城内，园内假山池塘、厅堂楼阁规模甚巨，更
将锦帆泾掘成御园河，与嫔妃荡舟其上。④狮子林。石峰林立，玲珑峻
峭，山峦起伏。精巧的艺
术构思，卓越的叠山技艺，
可谓当时园林的代表性作
品，也是苏州园林发展历
史过程中的标志之一。

明清时期

明清两代，苏州社会

狮子林假山

经济发展冠于全国，苏州发达的文化和人文荟萃关系密切，"吴门画派"
称誉画坛，领时代之风。同时，苏州兴建宅第园林达到一个高峰。从明

嘉靖至清乾隆（1522～1795）年间，官僚绅士争相造园，风尚一时，历时300余年之久，数量之多、艺术水平之高为国内其他地区不能企及。清康熙、乾隆6次南巡到苏州，在城内和郊外建有织造署行宫花园、寒山别业等行宫。其他各类园林名胜，以明代求志园、东庄最为著名。沈周画有《东庄图册》，吴宽为之咏诗，袁宏道《园亭纪略》中赞东庄"巧逾生成，幻若鬼工"，为城中最盛。文徵明家族造有园林17处，徐泰时家族亦有园林多处。有清一代园林多达数百处。从五代金谷园、宋代乐圃延承的慕家花园名噪一时，其一街之隔的便是环秀山庄，有"独步江南"美誉，以及晚清名园耦园、怡园等。随着经济和商业的繁荣发达，清代苏州出现会馆、会所，其中不乏名园，如安徽会馆的惠荫花园、浙江会馆的之园、奉直会馆的拙政园。太平天国以后，一批富豪和官僚纷纷来到苏州，大造宅第园林，苏州再现造园高潮。同时还出现营造具有现代公园性质的植园。据统计，明清鼎盛时，在原吴县、长洲、元和县境内，先后累计有园林和庭院300余处，其中宅园占总数90%以上。史称苏州半城园亭，其数量也居全国之冠，被誉为园林之城。

明吴江人计成的《园冶》、文徵明曾孙文震亨的《长物志》等造园经典著作，是苏州文人写意山水园林艺术体系的理论总结，一直具有指导和实践价值。苏州以手工业技艺居中国前列，建筑、假山、园艺、工艺、家具、装裱等能工巧匠辈出，薪火相传，尤以香山匠人驰名全国。从明代起，苏州已有正式的专门叠山或种花树的匠人（旧称山子、花园子）。能工巧匠多世代相传，明有张南阳、周秉忠、计成等，清有张涟、张然、叶洮、戈裕良、徐蔚池、徐振明等，皆擅长绘画，又以造园著称。

张涟是第一个以造园师的身份被收入正史《清史稿》中的造园大师。

中华民国时期

中华民国时期，尤其在抗日战争时期，苏州园林总的趋势处于衰败阶段。中华民国十六年（1927），苏州建成第一个按照现代造园理论设计的公园——苏州公园。

◆ 艺术概述

苏州古典园林艺术风格和造园手法一脉相承。

苏州古典园林艺术特征可概括为四大要素，即山、水、建筑、花木。由于苏州园林多为宅第花园，可居、可游、可赏，其陈设布置融入园林主人的生活情趣、文化修养，具有浓郁的文化气息。它不仅体现园主的精神追求和审美意象，而且还从一个侧面反映了当时社会、文化、经济发展的特征，集建筑、植物、文史、哲学、文学、书画、戏曲、工艺、民俗之大成，被誉为"江南传统文化博物馆"。

1997年，联合国教科文组织批准苏州古典园林列入《世界遗产名录》，其评语是："没有哪些园林比历史名城苏州的园林更能体现出中国古典园林设计的理想品质，咫尺之内再造乾坤，苏州园林被公认是实现这一设计思想的典范。这些建造于11～19世纪的园林，以其精雕细琢的设计，折射出中国文化中取法自然而又超越自然的深邃意境。"评语高度概括苏州古典园林诞生的时代历史背景、艺术特点，以及蕴含其中的理想品质和精神内质。

园林境界

苏州古典园林艺术首重境界，强调诗情画意，体现出无声的诗、立体的画。在城市环境及住宅旁的有限空间中，因地制宜、巧妙布局，通过对自然山水的艺术概括、模拟缩写、巧于因借、衬托相映、虚实对比等多种造园手法，运用理水、叠山、建筑、花木诸要素，辅以花街铺地、陈设布置，营造幽美的城市山林景色，达到"咫尺山林，空间无限""虽由人作，宛自天开"的艺术效果，构成富有诗情画意的城市山林，在历史上即被视作"不出城郭而获山水之怡，身居闹市而有林泉之趣"的理想居住和游憩之地。这种浸透着浓郁的传统文化，又具有深刻哲理和艺术意境的园林是中国古代文化艺术的综合博物馆，在世界文化领域中独树一帜。

园林山水

山水为全园骨架，山因水活、水随山转的山水组合往往为一园主景，尤以水为主，构成江南水乡清秀景色的布局中心。水的形式有湖、池、溪、湾、涧、泉、瀑等。水或以聚为主，聚分结合；或参差曲折，细流潺湲；或水绕山流，萦环如带；或瀑布三叠，奔泻而下。园主利用城市水网之密，多引池水与外河相通。或别设暗窦引水入园，园内亭廊桥阁峰石无不凌波依水。在拙政园、留园、狮子林、怡园、鹤园、壶园、听枫园等池底均有水井，以利于保持活水，池鱼越冬，生机不息。

拙政园水景

水多则桥多，以梁式石板曲桥为主，矮栏平架，凌波生姿；亦有拱桥、廊桥、水廊。假山按其功能、造型、结构、用石，分别有池山、园山、厅山、楼山、书房山、峭壁山、壁山、洞山、石山、土山、石包土山、湖石假山、黄石假山以及孤置峰石等。

峰石在园林中具有独特的作用。太湖石峰的玲珑秀润，历来受到园主人和造园家的青睐。独石构峰，大多是玲珑剔透的完整太湖石，具备透、漏、瘦、皱、清、丑、顽、拙等特点，其体积硕大，不易觅得，园主视作压园珍宝，常常冠以美名，筑以华屋。如苏州留园冠云、瑞云、岫云三峰，皆是独石构峰，相传为宋代"花石纲"遗物。

留园冠云峰

点石亦可成趣，或附势而置，或在小径尽头，或在空旷之处，或在交叉路口，或在竹树之下，或在狭湖岸边，天然一般。不同种类的石置于园林，又可产生不同的艺术效果，如修竹千竿，配置竖瘦的石笋，表达春意；黄石构峰，取其色苍古之貌，以显秋山意境；雪石构于小溪之中，则如同冰山。

园林建筑

建筑物为园林中重要内容及精华所在，具有使用与观赏的双重作用。它常与山池、花木共同组成园景，在局部景区中，还可构成风景的主题。园中建筑的类型及组合方式，与当时园主的生活方式有密切的关系。苏州园林中建筑数多、比重大，形成一种突出的现象。一般中、小型园林的建筑密度可高达 30%，如网师园、拥翠山庄、壶园、畅园；大型园林的建筑密度也多在 15% 以上，如拙政园、留园、狮子林等。按功能与造型不同，这些建筑分为厅堂、楼阁、轩斋、亭廊、舫榭、戏台等类型。据现开放园林的统计，苏州园林共有各类建筑 260 余座。这些园林建筑各具起居、观赏、游息、宴会、书画、抚琴、垂钓、养鹤等功能。明清时期，园主又好在园中度曲赏剧，其建筑临水对山，顶用卷棚，使笛声曲韵通过水面、粉墙、假山、林丛传入耳间，更觉千转百折，回肠荡气，典型的有拙政园卅六鸳鸯馆。园林建筑屋顶有硬山、歇山、卷棚、攒尖各式，屋角有嫩戗、发戗（即仔角梁起翘）、水戗发戗（即戗脊起翘），翩翩飞举。色彩则粉墙、黛瓦、栗柱，素净淡雅。墙上设漏窗、洞门、空窗，式样繁多。漏窗花式在苏州不下数百种，使空间似隔非隔，景物若隐若现。建筑外檐装修有长窗、短窗、半窗、横风窗、和合窗、方窗以及栏杆、挂落、插角等。建筑内檐装修以木雕为主，一般用银杏、花梨木等便于雕琢花

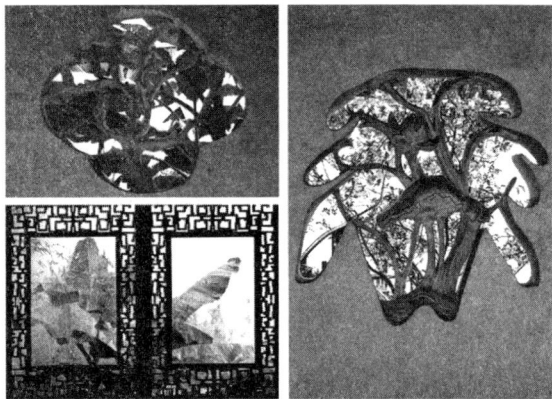

各式花窗

纹的优质材料，雕刻于梁架、裙板、长窗、栏杆等处。

建筑内檐装修常与陈设布置紧密结合。一方面是室内空间分割的重要手段，另一方面也是室内气氛渲染的重要成分。室内隔断使园林建筑的空间趣味性和灵活性大大提高，最常见的是以屏风、隔扇、博古架、书架、各种类型的罩、太师壁等划分不同的室内功能空间，使空间之间既分又连，形成有次序的流通；同时也便于在不同房间内摆放家具。①屏门。置厅堂正中，以间隔前后，如留园的林泉耆硕之馆内的屏门，双面刻有"冠云峰赞有序"及"冠云峰图"。②纱隔。俗称隔扇、围屏纱窗，装置在厅、榭、斋、馆、楼、阁等建筑中，分隔前后或左右。纱隔式样与长窗相似，但在内心仔背面或钉青纱或钉木板，六扇或八扇为一堂，中部窗心用木板，正面雕刻书画，或两面糊裱字画，或钉以纱绢；四周镶回纹装饰，或在四周连雕花结子；也有在框内镶冰纹彩色玻璃，四周镶花结的；裙板上精刻花鸟、人物、八仙、博古、案头供物等图案。纱隔形式轻巧秀丽，其夹堂和裙板多雕花草或案头供物，有的用黄杨雕刻花纹胶贴。结子插角也可用黄杨、银杏雕成。纱隔可以单独使用，更多的是与博古架、罩组合在一起，构成厅堂内形式多样的分隔空间，如拙政园的卅六鸳鸯馆、留园的五峰仙馆。有时纱隔还和罩组合一个小的空间，形成厅中厅，如留园揖峰轩内东端就

厅堂隔扇

是这种处理的实例。《红楼梦》中提到的"碧纱橱"是另一种用纱隔分隔出的小空间。还有一种与纱隔相同的内装修，即屏风窗，但较阔，用于舫（旱船）中舱正中。

园林中的铺地，用多种材料相配合，如砖瓦、卵石、石块，甚至缸碗碎片等。用这些材料组成图案精美、色彩丰富的各种地纹，佳者可衬托构园意境，充分表现了造园工匠的智慧创造。这种地纹通常称为"花街铺地"。

园林花木

花木是组成园景不可缺少的因素。除了表现自然情趣之外，还常常借以抒发不同的志趣，寓意不同的品格，甚至予以人格化，是古人特有的一种艺术创作。

苏州园林的花木配植手法主要为直接模仿自然，或间接从中国传统的山水画得到启示，甚至直接运用绘画手法，以不规整、不对称的自然式布置为基本方式，与山石、水面、建筑有机结合，以花木造景，形成江南园林独特的艺术风格。

古人善于利用花木的季节性，构成四季不同的景色。在花木的选择上，主要是利用当地传统的观赏植物，发挥地方特色，故园林中的树木多半以落叶树为主，配合若干常绿树，再辅以藤萝、竹类、芭蕉、草花，构成植物配置的基调。古人巧妙利用花木的姿态和线条，以苍劲与柔和相配为多，与山石、水面、房屋有机结合，使园林景观用材不多，但顿生意气，如古松显苍劲，柳枝露柔和，柏与花交植呈刚柔相济，栽植紫薇、榉树象征高官厚禄，玉兰、牡丹谐音玉堂富贵，石榴取其多子，萱草可以忘忧等。还巧妙利用树形的大小、枝叶的疏密、色调的明暗，构成富于变化的景色，造成自然山林的效果。

花木既是园林中的造景素材，也常常是观赏的主题。苏州园林中许多建筑物常以周围花木命名，以表达景物的特点和人文寓意，故以古、奇、雅为花木选择的标准。这些以花木命名的景物，既体现园林主人高雅情趣，又极具观赏效果。园林中还特意保留了古树名木，是园林悠久历史的见证，被称为活的化石。

陈设布置

陈设布置是苏州园林艺术中一个重要特色，俗称屋肚肠，既有日常起居、接待、宴饮、休息等生活之用，又起到装饰作用，从中反映园主的生活方式和文化情趣。厅堂内部既要靠家具的布置来烘托空间的主次，也要用家具来填补空间，以免过分空旷，从而增添古色古香、闲雅幽趣之感。园林室内家具因季节、用途不同而配套陈设。园林家具的种类和式样很多，有几案、桌、椅、凳、橱、柜、榻、床等。用料，华丽者用红木、紫檀，素雅者用楠木、花梨，日常生活用具也采用苏州乡土木材如白木、榉木等。家具式样以明式家具为典，亦有大量清式家具。明代家具造型简洁，用料讲究，做工细巧，卯榫精密，色彩素净，尤为珍品。园林室内陈设亦丰富多彩，放置的有屏风、钟、镜、化石等；摆设的有瓷器、铜器、玉器、供石、盆景等。悬挂的有匾额、对联、字画、挂屏、灯具等，题词典雅，书写精妙，

朱彝尊书拙政园兰雪堂匾

内涵丰富，发人遐想。

厅堂的命名、匾额、楹联、字画、书条石、雕刻和各式家具、各种古玩等，不仅是装点园林的精美艺术品，同时储存了大量的历史、文化、思想和科学信息，

留园明瑟楼底层挂屏

其物质内容和精神内容都极其深广。它们是中国古代礼乐文化的组成部分，反映了古代文人士大夫的生活方式、文化习俗、审美心理和情趣，是江南地区政治、经济、民俗的真实记录。其中有反映和传播儒、释、道等各家哲学观念、思想流派的；有宣扬人生哲理，陶冶高尚情操的；还有借助古典诗词文学和书画形式，点缀、生发、渲染园景，使人于栖息游赏中，化景物为情思，产生意境美，获得精神满足。这些陈设布置都是珍贵的工艺和艺术品，具有极高的文物价值、艺术价值和观赏价值。

安徽园林

安徽园林指关于古代徽州园林及安徽现代城市园林的总述。

◆ 概述

安徽历史悠久，5600 多年前的巢湖凌家滩文化表明安徽是东方文明的发源地之一。省境内因有皖山、皖水，故简称"皖"，又称"八皖"（因省境内有 8 个府治）。清省会在安庆，1853 年太平天国起义军占

领安庆，曾一度以庐州府治合肥城为临时省会，后又迁回安庆。1945年抗日战争胜利后至今，省会为合肥市。

安徽植物种类丰富，区系成分复杂，成为安徽自然生态的特征之一。全省有维管束植物 3200 多种，分属 205 科 1006 属，约占全国维管束植物科的 60.3%、属的 31.7%、种的 11.7%，被列为国家重点保护的野生珍稀濒危植物有 38 种，二级重点保护植物有 12 种，三级重点保护植物有 25 种。

安徽由于自然条件得天独厚，钟灵毓秀，人才辈出，是中国经济开发较早的地区之一。自先秦始，安徽地区经济开发就由北向南逐步展开，处于全国较高水平，尤其思想文化比较活跃，作为老子、庄子的故乡，产生了老庄道教学派，与儒家学派、佛教形成了中国传统文化思想的三大体系。老庄的思想包含着朴素辩证法因素，对安徽地区的政治、经济、文化的发展起到一定的促进作用。明清时期，安徽文化、教育、医学、科技已较为发达，尤其徽商名扬天下，有"无徽不成镇"之说。而桐城派文化、新安画派、皖派朴学、新安医学的兴起和发展，也在全国乃至后世都产生了很大影响。

园林作为人类文明生活的一种需要与表现，是刻意追求自然的一种文化现象，其特色的形成必然与传统文化的积淀和艺术的凝结密不可分。安徽园林离不开安徽文化，自然地理上的分界，使这里成为地域文化的融合过渡带。自北向南大致分为淮河文化、皖江文化（长江流经的安徽段，含巢湖文化）、新安文化（徽州文化），因此，园林按照地域文化特点形成了略有差异和不同风格的园林多元特征，尤以江南的徽州古典园林，对长江以北地区的安徽园林产生了深刻影响。徽州园林作为中国传统园林的重要组成部分，形成了徽派园林特色，在中国传统园林中占有着重要位置，特别是村落的水口园林，成为中国农业社会中的公共园林而享誉中外。

近代，受外来思想的影响，城市公园于 19 世纪末在中国产生，于是进入了以城市园林为标志的新阶段。当时，安徽的经济虽与其他省份一样衰退，但由于 19 世纪 60 年代至 20 世纪初，以李鸿章为代表的淮军主要将领多是安徽合肥人，为晚清风云人物，地位显赫，从兴起到消失近半个世纪，对晚清的政治、军事、外交和经济起着举足轻重的作用。辛亥革命后，作为合肥人的政治人物段祺瑞，在一定程度上促成了家乡兴办工矿企业。而作为新文化运动和中国共产党的创始人陈独秀，也是当时省会安庆市人，名人荟萃使安庆成为近代历史文化名城而闻名于世，成为近代民族工业的发源地之一。南北气候交接地带的自然环境及得天独厚的社会经济基础与人文历史的积淀，为近现代安徽园林的发展提供了极为有利的条件，安徽在 20 世纪初就有了城市公园，促进了安徽城市园林的建设。

城市园林是社会经济文化发展的产物。中华人民共和国成立后，安徽园林进入了一个大发展期。尤其省会合肥和钢城马鞍山，在改革开放之初，形成了园城相融、城园一体的城市风貌。当时的将城市融入大自然这一做法全国率先，成为一个标杆。例如合肥市鲜明的城市楔形绿地系统和以合肥环城公园为代表的中国首创以带串块的翡翠项链公园系统，成为当时内陆城市的典范。合肥市也因此在 1992 年底成为全国首批 3 个园林城市之一。马鞍山市作为工业城市的代表，也于 1996 年成为中国第三批园林城市。20 世纪末全国仅有 8 个园林城市时，安徽占四分之一，走在全国的前列。

进入 21 世纪后，园林城市活动在全省各市、县普遍展开，呈井喷式发展。至 2017 年底，城市建成区的绿地率达 37.67%、建成区绿化覆盖率 41.71%、人均公园绿地面积 14.02 平方米。此外，池州、六安市荣获"中国人居环境奖"，全国森林城市达到 7 家。163 个村落列入中国传统村落名录，历史文化名城、名镇、名村全省达到 78 个。

◆ **徽州园林**

徽州园林狭义上讲是指在徽州地域内的园林，广义的徽州园林也包括徽州人在外地营建的园林。扬州的影园、休园、嘉树园、五亩园等名园的园主都是徽州歙县客商。明清时代，徽州人在扬州营建了近 40 座园林，而徽派园林的产生与发展可追溯到宋代，甚至更远一点的年代，明、清两代则进入黄金时期。徽州园林主要指明清时代徽州府所辖的歙县、休宁、黟县、绩溪、祁门和婺源 6 县，这里名山错落，秀水长流，名胜古迹星罗棋布，加之清代造园之风盛行，尤以营建宅第庭园成为时尚。徽州园林根据不同的规模、布局特点等，大体上分为水口园林（村落园林）、宅第园林、寺观园林 3 类。

水口园林（村落园林）

采用延山引水手法，并广植树木，形成以村落水口为中心的生态体系与公共活动场所，故称水口园林。水口者，一方众水所总出处也，即聚落水流之出口处。徽州人村庄择址，要求枕山、环水、面屏的堂居，而水口即相当于人居村庄（堂居）通往外界的隘口。水口园林是基于风水学的空间营造艺术。依照风水学"水出处不可散漫无关锁"要求，介于人居环境与自然环境的交接处，按照中国古典园林师法自然的造园理念，建筑桥台楼塔等物，增加锁钥的气势，握住关口。还基于风水"障空补缺"的理论，种植许多树木，形成"绿树村边合，青山郭外斜"的敞开式村落公共园林特色，成为村庄与外界空间的界定，当地人迎亲送友的短暂停留地和人们游赏憩息场所。例如歙县唐模村的徽州水口园林"檀干园"、黟县宏村的"南湖"。

徽州万山环绕，川谷崎岖，峰峦掩映，山多而地少。自古以来，每一村落聚族而居，不夹杂他姓，村庄星罗棋布。徽商富贾多利用水流与地形，在山区一般多选择在山脉的转折或两山夹峙，溪流左环右绕之地，距村庄近者数十米，远者千米，有一层水口或多层水口，形成独树一帜的水口园林特色。选中好水口后，还必须建造桥台楼塔等物，增加锁钥的气势，握住关口。基于风水"障空补缺"的理论，还需种植许多树木，形成"绿树村边合，青山郭外斜"，全村同在画中居的总体环境布局。这种村落园林，成为村庄与外部空间的界定，也可以说是不确定的村界。由于它集自然风光与人文景观于一体，使村庄被相对地封闭和隐蔽起来，令人产生"山重水复疑无路，柳暗花明又一村"的感觉。水口处还多建有牌楼、文会馆、文昌阁、藏经阁等建筑，是当地人迎亲送友的短暂停留地和人们游赏憩息场所。

水口园林选择的村庄水口，不仅是聚族而居的村落风水的咽喉，更是村落外部空间的重要标志，村落整体建筑格局中的"门户"，甚至被奉为村落内涵的灵魂。水口必然离不开水，必须千方百计地把水聚起来，借远山近水与自然浑然一体，故"水口园林"的地形地貌多为远古以来的原生态，少有雕琢，对外开放，提供人们自由出入。水口园林讲究"三境"，即"生境、画境、意境"。"生境"，即要有树木花草和水，并引来鸟兽虫鱼，给人以生机盎然、回归自然的感觉；"画境"即让景致入画，给人以美的享受；"意境"即要使人触景生情，通过山水、建筑、楹联、匾额、碑石、树木、花草、虫鱼等，表达出文人雅士的精神追求和思想境界，令人产生联想。这种园林能够依据地形、地貌、水体等自然因素，巧妙地布置建筑物、构筑物、动植物等，形成完整统一的整体风景组合。融自然风光和人文景观于一体，成为长江以南地区美化村落为主体的生态体系。

水口园林体现了"天人合一"的指导思想，彰显以徽州文化为内涵的基本内容。它是以徽州地理山水为背景，以徽州动植物和本土建材为素材，以幽静怡人为目的，具有自然性、生态性、公共性三大现代特征。这种园林一般规模较大，造园艺术水平较高，又能突出木雕、砖雕、石雕等工艺，其功能主要供村民们共同享用。水口园林是中国特有的村落公共园林绿地，采用水、榭、亭、牌坊等为水口的最基本元素，并在水口上广植树木，从而形成村落的"脸面"，喻为人丁兴旺，形成中国徽派园林的主要特征与鲜明内涵。

宅第园林

俗称私家花园，通常与私宅后院菜园结合，主要是一个生活休闲的场所。徽州园林大量是以宅第庭园的形态出现，园林规模较小，是自然空间与室内空间的过渡空间。其代表作为黟县西递村的"西园",庭园以围墙分隔成前园、中园和后园。园与园之间通过青石做框,以青砖砌成长方形漏窗,以及相连通的圆月形、秋叶形、八边形等不同形状的门洞,使得整个庭园景物处在"隔而未隔,界而未界"之间,结合墙上的松梅石雕,达到虚实结合、情景交融的境界。这种以建筑为主的庭园,除了借大自然景色之外,内部一般没有很多的山水花木布置,大多是借一个天井、一个小庭院,对于生命之源、财富之源的水,采用"肥水不流外人田",居家讲究"四水归堂",往往点缀若干花木假山,象征性地与自然联结。因此,园林的建造最为重要的是选址而不是营建。追求的是一种"随机美",创造的是具有一定寓意和情趣,适合人生活起居的园林空间。黟县城东北的宏村,以德义堂、碧园为代表的私家园林大多形如牛状,融入人文景观与自然景观之中,集中反映了徽州儒家文化近代的昌盛与繁荣,成为当今世界文化遗产的一大奇观。

由于宅第园林的建筑空间向自然空间延伸,扩大和丰富了居住环境,因此功能上依据规模的差异,区分为中型和小型两种,而以小型为主。中型庭园相对来说规模稍大,布局较为完整。庭园内植树种花,堆砌假山或点缀景石,一般有较完整的道路系统,甚至有的还划分景区来体现不同的意境。庭园中的建筑小品,或凿有水池围以石栏,或在周围布置书房、绣楼、庙榭等不同功能的建筑,以形成景观。使用功能上,往往与住宅分开或基本分开,使庭园有较强独立的园林功能。黟县的培筠园与胡宅花园(西递村口)、休宁的曹家花园等则属这一类型。小型庭园规模较小,大者一二百平方米,小者数十平方米。庭园内有多种花木，或摆放盆栽植物，或置山水盆景，或散点景石，或垒有花台，或砌有小水池，有的还喜种攀缘植物，可供人从不同角度去欣赏，使人产生小中见大、回归自然的感受，从而达到满园春色的效果。小型庭院一般景物布置紧凑而活泼，尺度亦合宜，往往还借助矮墙、漏窗、门洞与院外的自然山水相衬，达到扩大园林空间、丰富景观层次的效果。

寺观园林

因为徽州较大的村落均建有祠堂、寺庙、书院，所以徽州的寺观园林包括寺庙、庵堂、道观、祠堂、社稷、书院等建筑为主体的园林。"祠堂"是同一姓氏子孙供奉本支始祖的庙堂，也是制定族规教育子孙和决定重大事宜的场所，更是男人死后理想归宿之地，有的还附属女祠。一般祠堂多置于村镇两端，其平面规整，呈中轴对称，由两个或两个以上的三合院组成，形成天井或庭园。祠堂前后有广场、后院，通常以牌坊等作为入口建筑。大多数祠堂建立在溪清林茂，依山傍水，建筑顺山度势，位置显要处，其布局特色明显，往往是村镇中的主体建筑。列为全国重点文物保护单位的歙县呈坎罗东舒祠和绩溪县的胡氏宗祠最具代表性。此外，还有歙县唐模的许氏宗祠、狮石乡的丛林寺、北岸村的吴氏宗祠、徽城镇的紫阳书院，黟县的淋沥禅院等。

◆ **安徽现代园林的代表——合肥园林**

合肥虽有 2000 多年的历史，但 20 世纪 40 年代末，除了几处私家宅园，其园林几乎是空白。中华人民共和国成立初期，合肥建设成为全国发展最快的省会城市之一，公共园林也从无到有，先后建成逍遥津公园、包河公园（今包公园），并绿化了老城墙和护城河一周的空地，形成环形保护绿地。1982 年，中华人民共和国国务院批准合肥市首个城市总体规划，形成以老城区为轴心，城市向东、北、西南发展 3 个工业区，利用蜀山湖和大蜀山自然景色形成田园结合的西郊风景区，以及沿南淝河至巢湖低洼地带与东北角的片林，构成三大片绿色扇翼，使田园与绿地从 3 个方向楔入城市。20 世纪合肥"环状＋楔形"绿地系统，符合当时的城市规模，体现了合肥的园林特色，在总体规划布局上形成"园在城中、城在园中、园城相融、城园一体"特色风貌，奠定了国家首批园林城市的基础。

20 世纪，合肥园林建设主要由政府部门具体实施。在发展方针上，首先提出以面为主，点、线穿插；公共绿地的发展，"以小为主、中小结合"，尽可能缩小服务半径、倡导均匀分布，以提供人们日常生活服务为主，兼顾节假日游憩。其次在园林手法上突破块状封闭式园林的旧格局，采用敞开式的带状或环状布局，倡导公园景物呈现街头。此外，适当注意结合历史上清官包拯和三国时代遗址进行公园绿地建设，尽可能展现"三国故地、包拯家乡"的历史文化特色。正因为在方法与措施上适应了当时的客观条件，所以合肥园林曾一度成为全国学习的榜样。

进入 21 世纪，合肥市按照国务院批复的第二轮《合肥市城市总体规划（1995—2010 年）》，明确城市作为省会和全国重要的科研教育中心。2004 年整合完成"合肥城市发展战略规划"，提出城市空间布局为"141"结构形式，既 1 个主城区、4 个组团（东部、北部、西部、西南部）、1 个滨湖新区，城市从单一中心发展为多中心。因此，合肥城乡绿化进入新一轮大发展期，特别是 2005 年下半年开展的"大拆违"

活动，要求绿化无缝对接，对城市现代化建设产生了深远影响。

2008 年，合肥完成了城市绿地系统又一轮规划，明确将合肥建设成为国内最适宜创业和居住的现代化、生态型滨湖大城市，构筑"依山傍水、环圈围绕、田园楔入、珠落玉盘"的城市绿地系统格局和树立创建生态园林城市的目标。

2011 年，随着国务院批准区划的调整，合肥市从濒临巢湖发展到环抱整个巢湖，地域越来越大。2016 年，按国务院批复的第三轮城市总体规划，《合肥市城市绿地系统规划（2014—2020 年）》明确城市绿地空间结构布局为：既能传承"环城公园形成的环状和绿楔嵌入"的经典模式，又能结合合肥市市区不断扩大的用地布局，"环状＋楔形"城市绿地系统仍然是合肥主要模式，体现新时期合肥"大湖名城"园林绿化布局新特色。

新一轮绿地系统是以巢湖、蜀山和紫蓬山风景名胜区为背景，以自然河流水系、交通走廊防护绿地为纽带，以大型公园为节点，形成点、线、面相结合，绿环与绿楔结合的绿地系统。主要空间格局为"三环、四脉、四楔、多园、多廊道"。《合肥市空间规划（2017—2035 年）》中又进一步明确提出：主城区范围包括合肥市周边 9 镇纳入主城区发展规划，同时明确"双心、两扇、两翼、五组团、五轴"格局。园林绿化将以城镇园林一体化和森林城建设为目标，以合肥主城区自身具有的山、河、湖等自然生态资源禀赋特征，规划构建"三环三廊、一湖一岭、两扇两翼"的主城区生态体系空间结构。其中绕城高速公路防护绿环有效串联八河、八湖、六大郊野森林公园生态空间，形成"河湖镶嵌，城揽六翠"城市生态景观。

◆ 安徽园林主要特色

叠山理水，自成体系

徽州园林的范围、形式，依山者则靠山采形，傍水者则就水取势，顺应自然。园林构建，手法简练、紧凑布局、重视因地制宜、师法自然，鲜明地反映了地形特征、风水意愿和地域美饰倾向。例如徽州村落选址大多遵循中国传统风水规则进行，山水环绕、山明水秀，追求理想的人居环境和山水意境，被誉为"中国画里的乡村"。尤其受"水为财源"的风水观念影响，重视村落的水口，建构独具特色的水口园林。有的村落甚至通过理水，引泉掘池、拦河筑坝、引水入村、走家串户、南转东出，形成家通水渠户户有水池，再注入村口水圹灌溉良田，自成水系。

空间开敞，造化自然

通常根据地理环境、气候特点和园主的经济状况，在地少形狭、山高水长的自然环境下，进行非常灵活的布置。构筑中体现小中见大、曲中见幽，既从广度、深度上施展其功能，又能在质上体现其效益。现时居住区和旧时民居庭院中均见巧妙设置，充满诗情画意，使各类园林均能即步可吟，又再现自然山水之美，达到"虽由人作，宛自天开"的艺术效果。

静谧幽雅，风格鲜明

徽州园林大都隐蔽在偏远宁静的农村乡间，静谧空寂、娴雅野逸，富于乡土气息。其园林建筑和民居一样，轻盈的造型、淡雅的色彩、朴素的点缀、精巧的装饰，使色彩沉着、素雅，令人静谧安闲，供人们在愉悦中品味着田园风光，感受着水口园林和私家庭园的艺术之灵。在当前城市绿化中，一定程度上注意吸收这一传统手法，闹中取静、注重地方特色，大尺度地应用于现代园林之中。

巧于因借，精在体宜

园林的形成与发展除了受社会经济文化的影响，还受自然地理条件制约。在徽州乡村可远借名山胜水，又可就近取景使园增色，擅于应用青松翠竹、花木山石，绿嶂遮目、碧水映帘，形成徽州所独有的天然景色，使其借大自然之景乃他方绝无。而现代城市园林中更注重原生态与现代的融合，景色互借，营造开放和私密的环境，讲究造园尺度，呈现小中见大、曲径通幽，步移景移，处处皆景，游人在不同的时间、不同的季节、不同角度感受变化的景色，甚至游人自身也成为移动的景，为园林增色，形成显著地方特色。

三雕工艺、彰显特色

徽派园林既就地取材，又注重工艺，更好地发现和拓展师法自然的天性，在建筑上一直保持着融古雅、简洁、富丽为一体的艺术风格。因为徽派建筑的外观整体性和美感很强，高墙封闭，马头翘角，墙线错落有致，黑瓦白墙，色泽典雅大方。装饰上青砖门罩、石雕漏窗、木雕楹柱与建筑融为一体。砖雕、木雕与石雕表现出高超的装饰艺术水平，质感高雅，浑厚潇洒，达到最好艺术效果，彰显出自身鲜明特色。因此，现代园林也常引入这些传统元素或符号，发扬工匠精神以更好体现地方特色。

门类齐全，数量众多

徽州园林源于晋朝东迁，一批士大夫流入并定居徽州，曾对徽州的经济与文化发展有过不小影响。官建园林在宋代开始出现，明、清时代进入黄金期，使安徽园林成为门类齐全、数量众多的省份之一。现代城市园林以合肥、马鞍山新发展起来的城市为代表，重视继承和创新，曾一度在全国处于领先水平，其造园理念与手法曾为各地效仿，例如以带串块的环城公园系统，敞开式的园林手法、城园一体的城市园林风貌，以及城市绿化以面为主、点线穿插，公共绿地以小为主，中小结合，强调行道树"净、景、荫"综合效果，绿地的均匀分布等。

中国近代园林

中国近代园林指中国从鸦片战争（1840）到中华人民共和国成立（1949）期间的园林。

近代是园林发展较为复杂的一个历史时期。近代园林自传统园林的鼎盛末期起，既承袭了封建时代皇家园林、私家园林和寺观园林三大类型的传统，也纳入了西方公共园林新形式，并受民主和科学新思潮的影响，产生了中西合璧的新园林，是整个中国园林发展过程的重要转折时期。

◆ **主要内容**

清末，随着长达 2000 年封建制度的灭亡，以及中国民主革命的兴起和世界进步潮流的冲击，西方园林学的概念进入中国，对中国传统的园林观有很大的冲击，促进了"中西合璧"风格的形成，这是过去未曾有过的创新与转折。中国园林面临一次波澜壮阔的变革。公共园林成为主体，皇家园林、私家园林纷纷开放，"中山公园"代表着民主的胜利，西方园林思想开始影响中国，尝试建立国家公园体制，建立了第一个博物馆（南通博物苑）、专类园（北京动物园），成立营造学社，开始对古典园林进行系统整理研究。这一时期，公园的产生带动了整个城市园林系统的进步，人们逐渐地认识到园林在城市中已经成为一个重要的生态系统，这使园林的类型更加丰富，也促进了园林植物的引种交流，但这时还只是城市园林系统的进步。1911 年辛亥革命前后，中国城市中自建公园渐多，无锡《整理城中公园计划书》，将公园列为都市建设的重要内容。20 世纪 20 年代起，中国一些农学院的园艺系、森林系或者工

南通博物苑

北京动物园

学院的建筑系开设庭院学或造园课程，中国开始有现代园林学教育，同传统的师徒传授的教育方式并行，1928 年曾成立中国造园学会。

◆ **地位**

较之中国的传统园林，近代园林并没有也不可能达到中国园林全盛时期的艺术高度，但它却具有一种奋发图强的新活力与前所未有的新趋

势，主要表现为：①随着封建王朝的没落与消亡，皇家园林的兴建停止了，但随着民主与科学时代潮流的进步与激荡，新兴的人民公园诞生了。②纯粹的西式园林随着租界的划定进入中华大地，给人以耳目一新的触动，并随之创造出中西合璧的新园林。③奋发图强的民族自尊与自信，使一些有识之士开拓了与中国近代文化相适应的园林理念和传承中国传统文化的近代园林。

中国近代园林是中国园林史上的第三次转折（第一次转折为从奴隶社会到封建社会，第二次转折为魏晋南北朝时期，还有第四次转折是中华人民共和国成立后），这个转折具体体现在：①公园的产生带动了整个城市园林系统的进步，人们逐渐认识到园林在城市中已成为一个重要的生态系统，使园林的类型更加丰富，也促进了园林植物的引种交流，但这只是城市园林系统的起步。②民主与科学的时代潮流促进了园林学科的普及，扩大了园林学科的范畴，为促使园林成为一门独立学科奠定了基础。③涌现出一批对园林有见识、有实践的人物，为中国近代园林增添了精彩而独特的一页，同时也反映了近代园林民主性的普及与变革。④外来因素的冲击，促进了"中西合璧"新风格的形成，这是过去未曾有过的创新与转折。⑤近代园林是一场承上启下的最本质的革命。尽管新兴的园林还没有达到艺术的高标准，还比较简单粗糙，但是并没有丢掉传统，而是传承丰富了传统。

◆ 类型

中国近代园林类型如下：

①城市公园。分为综合性公园、专门性公园和近代特色公园 3 种。

其中综合性公园有济南商埠公园（1904）、无锡公花园（1906）、齐齐哈尔龙沙公园（1907）；专门性公园有动物园、植物园、儿童乐园、体育公园、烈士陵园、专类花园等；近代特色公园有租界公园、侨商园林、中山公园。

②私家园林。分为官僚私人园林和名人故居园林。官僚私人园林有北京恭亲王的府第花园、临夏东公馆（1938）、兰州仰园（1922）、福州三山旧馆（1840左右）、江阴适园（1854）、建水朱家花园（1908）；名人故居园林有画家张大千故居等。

③别墅群园林。分为避暑别墅群、城市（或租界）生活居住别墅群、官邸别墅群、城郊（或侨商）碉楼别墅群、大学教授别墅群5种。避暑别墅群有庐山、莫干山、北戴河、鸡公山近代别墅建筑群；城市（或租界）生活居住别墅群有厦门鼓浪屿、青岛八大关；官邸别墅群有重庆黄山陪都官员别墅群、银川马鸿逵别墅群；城郊（或侨商）碉楼别墅群有开平立园、马降龙、自力村、台山梅家大院、翁家楼、佛山简氏别墅；大学教授别墅群有广州石牌中山大学、武汉大学、清华大学。

④公建附属园林。分为游乐场园林、学校园林、官署园林、商业性园林和其他附属园林。游乐场园林有香港的樟园、利园、愉园太白楼，上海的申园、愚园；学校园林有燕京大学、北洋大学、圣约翰大学、华西大学、协和大学、清华大学、长沙周南女中；官署园林有酒泉节园、广州大元帅府、南京总统府；商业性园林有广州的酒家园林如南园、北园、泮溪酒家，香港的大罗仙酒店、皇后酒店；其他附属园林有香港先施公司、永安公司的游乐场。

⑤郊野园林。分为森林公园、天然公园、郊野特色庄园和其他郊野园林，其中，其他郊野园林又分为农村园林、水口园林和农事试验场。森林公园有南京老山森林公园（1916）、兰州龙尾山的中山林（1925）；天然公园有名山、湖泊、海滨、岛屿、瀑布、温泉等风景区在近代开发或历史上仍保存开发的园林；郊野特色庄园有甘肃民勤瑞安堡（1938）；农村园林有江西渼陂村、钓源村园林；水口园林有安徽唐模水口园林；农事试验场有北京农事试验场（北京动物园前身）、开封农林试验场（今禹王台公园）。

◆ **特色**

近代园林特色如下：

①昔日占主导地位的皇家园林，随着社会制度的变更而逐渐止步、消亡，或走进了历史的博物馆，或使改朝换代的新主人拥有了这些园林的所属权和自由的享用权，但其园林艺术的成就，始终占据着中国园林历史中辉煌的一页，需要加以保护和传承。

②公共性的园林获得了极大的发展，举凡一切公共建筑设施如学校、图书馆、博物馆、游乐场（城）等都附有园林，促进了人们工作环境的改善。尤其是城市公园，被注入了民主与科学的内核，公园的内容与形式更加完备、新颖。为了保护城市大环境，又产生了一些郊野公园和森林公园，从而使得园林的类型更为丰富，并开始了城市园林绿地系统规划的新萌芽。

③由外国人首先在中国开辟的避暑别墅群以及逐步扩大的租界别墅群，大学校园别墅群提升了高档生活环境园林的坐标，也为人们的生活、

社交、工作、商务活动等开辟了一种独特的环境园林。

④租界园林与侨商园林是在中西方文化碰撞后所产生的一种近代独有的园林类型，从而衍生出一种"中西合璧"的艺术风格，表现出十分突出的划时代的园林特征。

近代侨商园林

近代侨商园林指近代走出国门的华侨商人回乡建设的园林。

近代是中国人走出国门谋生最多、最集中的时代，其中又以沿海的闽、粤两省人数最多，侨居时间最长。他们在国外辛苦经营，回乡后参与家园建设，建成了既有中国风韵又有侨居国意味的园林，整体来看，以围绕居住建筑及其环境的私家园林为主。

◆ 开平立园

广东江门地区归侨来自美国、加拿大、澳大利亚等世界各地，他们受海外文化影响，引进各地的建筑造型和园林风格。旅美华侨谢维立建于 1926 ~ 1936 年的开平立园可谓是粤西私家园林的代表之作，中西园林建筑风格结合之典范。全园占地面积约 1.96 万平方米，集传统园艺、西洋建筑、江南水乡特色于一体，主要由别墅区、大花园区和小花园区组成，各区之间既用人工小河或围墙隔开，又以小桥、凉亭或通天回廊连成一体，使人感到园中有园、景中有景。别墅区有别墅六座、炮楼两座，以"泮文""泮立"两座别墅最为华丽，楼身为浓重的西洋建筑样式，楼顶是中国传统的重檐琉璃瓦，楼内有传统壁画和金漆木雕。大花园区四周为曲径回廊，以"立园"大木牌坊和"身修立本"大牌楼为轴

心进行布局，有"井"字
形花圃和金鱼池，还建有
马式碉楼和塔式别墅。小
花园以运河相隔，建虹桥
与别墅区相连，桥上筑有
晚香亭，还以跨虹阁与大
花园相连接，园内以"兀"

开平立园

形人工河和"玩水""观澜"等凉亭组成，园内绿树成荫，遍植花卉果
木。立园内的西洋建筑与中式亭、台、围墙和绿荫如盖的树木穿插配置，
虚实呼应，回环幽深。

◆ 陈慈黉故居

旅居泰国的华侨陈慈黉于 1910 年开始在家乡广东澄海县（今澄海
区）建造了一组庞大的居住建筑群，占地面积达 2.54 万平方米，房屋
506 间，经历了近半个世纪的建设而成为"近代岭南第一家"。陈慈黉
故居由四组建筑群组合而成四合院式与潮州民居"驷马拖车式"建筑群

落，周围是广阔的田园，
自然风光优美，建筑墙面、
门窗、栏杆均为泰国式装
饰，建筑群内部保持了方
形天井和庭院，庭院摆设
植物盆景，整体呈现出中、
泰风格的结合。

陈慈黉故居

◆ **岑局楼**

广东佛山的岑局楼是越南华侨岑德渠于 1932 年所建，面积超过 2000 平方米，高三层，欧式风格，三面为鱼塘，倒影相衬，虚实相映。楼侧为花园，栽植芭蕉、龙眼等植物，呈现村野风格。

◆ **利树宗故居**

广州花都区也保存了不少村落的华侨楼群，利树宗故居的园林环境及建筑物较好，其主体建筑是中西合璧的一、二、三层"渐进式"房屋，据资料记载，故居内曾有面积达上千平方米的花园，称为半亩园，已毁，今尚留存"半亩园"石刻碑，整体环境是一座村野式华侨民居，旁边有水池，朴素亲切。

◆ **黄荣远堂**

位于厦门鼓浪屿的黄荣远堂是 1920 年菲律宾华侨施光从带回图纸而建造，为中西结合庭院的精品。主楼为三层殖民地外廊式样建筑，以花岗岩条石砌成，入口两层高的半圆柱廊，西式门窗，三层局部采用中式六角攒尖顶。南面的庭园由三部分组成，右侧为中式假山园林，左侧为绿地，中间主楼轴线上为对称的椭圆形西式下沉花园，中央矩形花池内安放假山做障景，门廊前种植左右对称的棕榈树，增强了轴线关系。右侧中式园林中堆山叠石，石径盘

黄荣远堂

曲，竹树阴郁，并缀以一轩两亭，均饰以西洋柱式。

◆ 榕谷别墅

鼓浪屿还有菲侨李清泉于1926年建的花园宅第榕谷别墅，在升旗山麓，依山势布局，门口有百年古榕。别墅主楼地上三层，白色门廊通高二层，与主体红色清水砖墙相衬托。北面主庭园外方内圆仿欧风，中心为高起的喷水池，花园中的植物修剪成规则的几何状，环绕的曲径由彩色卵石铺砌成各种西式图案，六棵南洋杉对称分立于两侧。主庭园西侧为大片绿地与果树，建有一座西式六角亭。庭园北部的入口通道两侧筑有大小假山，构石为洞，其上各建一亭，掩映在古榕与翠柏之下。

◆ 古檗山庄

福建泉州市古檗山庄为旅菲华侨黄秀烺于1916年建的墓园，面积1.7万平方米，选址"在乡之左，近傍宗祠"，朝向东南，前低后高，绕以回栏围墙，外以沟渠环抱，为园林式墓园的成功之作。山庄有山门、外庭、古檗山庄石坊、下庭、莲池、顶庭、坟所、檗荫楼、景庵、景行石门、瞻远山居、息庐等，桂树柏树间植其间。山庄运用了对景、障景等造园手法，建筑风格除山门、石坊为传统中式外，以中西合璧为主。

侨商园林遵循相地合宜、构园得体的原则，建筑体量高大，统领全局，园林风格往往是中西结合，中国的山、水、石、亭，以及西方的草坪、喷泉、雕塑、整齐式花园相互融合，建筑几乎全部采取中西合璧的形式。在园林植物的景观配置上，除栽植乡土种类外，也有从侨居国带回来的新品种，此外也很重视果木。

近代中山公园

近代中山公园指20世纪初为纪念孙中山而命名或兴建的公园的总称。

◆ 中山公园的建设

孙中山是中国伟大的革命家、政治家和理论家，是近代民主主义革命的先行者。1925年3月12日，孙中山在北京逝世，为缅怀其丰功伟绩，中国各地相继着手辟建中山公园。

中山公园的兴起有着特殊的时代背景，反映了当时的社会意识形态与价值观。孙中山逝世后第三天，江苏省公团联合会等团体就提议在南京紫金山建中山公园。3月16日，中华民国各团体联合会建议"建设上海中山公园并铸铜像以留永久纪念"。3月26日，国民党北京市党部在致各地同志函中建议"在北京、上海、汉口、广州及各大城市创立中山公园及图书馆"。通过修建中山公园来纪念孙中山，宣扬孙中山的民族精神和"三民主义"的理想，通过命名而使中山之名不朽。

孙中山逝世后20天，广东省革命委员会下令将原观音山改为中山公园，随后贵阳唯一的公园改名为中山公园。1927年，为纪念孙中山，杭州清代行宫的一部分辟为中山公园。1928年，孙中山逝世后举行公祭大会的北京中央公园更名为北京中山公园，曾作为灵堂的拜殿改名为中山堂。汕头中山公园的前身是中央公园，由于孙中山去世而改名为中山公园，并于1928年8月28日举行了开幕典礼。天津的河北公园、山西太原的瀛湖公园、江苏江阴的原江苏学政衙署后花园等，因为孙中山曾莅临讲演而改为中山公园。此外，上海青浦的曲水园改名为中山公园，广东省乐昌县（今乐昌市）将原昌山公园改为中山公园，江西省萍乡县（今萍乡市）将士绅所建方公园改为中山公园，湖北省宜都县（今宜都市）国民党驻军甚至将私家园林卢园改建并改名为中山公园。其他更名的中山公园还有青岛中山公园、济南中山公园、武汉中山公园、惠州中山公园、上海中山公园等。通过更名，无须投入大量资金即能完成公园改造，达到纪念孙中山的成效。

有些地方新建中山公园以资纪念，如宁波在 1927 年召开建设中山公园筹备大会，款项全由募捐而来，最终耗资 11 万余元，于 1929 年秋落成。厦门中山公园于 1927 年由华侨集资而建，历时 4 年，耗资 100 多万银圆。始建于 1928 年的佛山中山公园也是组织社会各界募捐建成。荆州中山公园建设从 1933 年 11 月到 1935 年 4 月，历时 510 多天，耗大洋 50300 块。浙江温州、福建龙岩、深圳（保安）、广东江门、广西龙州、广西北海等地都相继建设了中山公园。

◆ **中山公园的作用**

中山公园的建设在中国近代园林史上有着非常重要的地位和作用。不少中山公园是所在城市最早兴建的公园，有的是所在城市面积最大的公园，有的甚至是所在城市唯一的公园，为人们提供了休憩、娱乐、健身、文化等活动的空间。如广西龙州中山公园建于 1923 ～ 1930 年，广逾千亩（0.67 平方千米），在当时实属罕见，并且免费面向广大民众昼夜开放，分文不收。初期有"亭五、台一、池三、洞二"，还有"球场四、儿童游戏场一"，以及中山纪念堂、图书馆、动物园，能满足不同游人的游览、活动、文化教育、休息等多种需求，是一处多功能的综合性公园。

政治影响

中山公园自建立之初就被赋予了政治色彩，国民党高层领导、中国共产党领导甚至国际政要都拜谒过中山堂。每逢发生重要的社会事件或国际事件，中山公园都会成为市民表达支持或抗议的空间，李大钊就曾在北京中山公园发表过演说《庶民的胜利》。

纪念教育功能

中山公园是纪念孙中山的一种空间表现形式，往往有孙中山像、中山纪念堂、纪念碑、中山亭等纪念物，是举办纪念活动、强化国民素质的教育空间，具有教育功能。1918年东单克林德碑移至北京中山公园正门内，改名"公理战胜"坊（今"保卫和平"石牌坊），用来教化民众与鼓舞民心。

北京中山公园孙中山像

文化休闲功能

中山公园是近代城市的新型开放空间，开启了人们新的生活方式。北京中山公园的茶座闻名一时，是"当作休息、闲谈、看书、写东西、会朋友、洗尘饯别、订婚、结婚宴请客人的好地方"，使人们从社交中得到精神满足。中山公园建成开放后的十多年间，鲁迅频繁来园，仅《鲁迅日记》中记载即达 60 次。

游园文化也是中山公园的特别之处，北京中山公园在节庆日或遇特殊事件时会举办免费的游园活动，每当繁花盛开之时，市民倾城出动，竞相赏玩，甚至每天还有一列"观花列车"从天津开来北京，专为天津游客来中山公园赏花之用。

体育健身功能

中山公园带动了市民体育健身的风气，体育及游戏设施逐渐成为城市公园不可缺少的一部分。留英归国的吴国柄为汉口中山公园营造了湖山胜景，还设计配备了广阔的运动场地，辟有儿童运动场、溜冰场、游泳池、骑马场、足球场、篮球场、排球场、网球场、田径场及小型高尔夫球场等，并免费开放，让市民们有地

青岛中山公园中老年人交谊舞活动场所

方、有兴致来积极活动。"健身"这个在中国传统园林中从未出现过的功能，得到了充分体现。

◆ 中山公园的特征

中山公园分布区域广，基础不同，因而风格多样，具有较强的地域特色。由于建设年代不一，既体现了中国传统园林山水融合的景观特色，又体现出时代特色，建筑风格往往中西合璧。中山公园的独特之处在于营造了纪念孙中山的纪念性空间，如孙中山雕像、纪念堂、纪念亭等，

因而内涵丰富，具有深厚的人文积淀。

园林风格

　　近代中山公园由于地域差别及建设基础不一，园林风格呈现多样化。北京中山公园原为明、清两朝的社稷坛，发起改建者朱启钤推崇中国古典园林，保留了原有的社稷坛、拜殿（中山堂）、墙垣及古树，还按照中国传统园林的格局，新建了石坊、长廊、水榭、亭台、荷池等，体现出古色古香的传统园林风格。上海中山公园前身为英国人建的兆丰花园（兆丰公园），以英国式园林风格为主体，保留了英式建筑、英式大理石亭，辅以中国传统园林、日式园林等，形成了以山林、大树、草坪、水面等自然风景为主的园林风格。

　　青岛中山公园的前身为植物试验场，建林木园、果木园等，形成了以花木、树林和果木为主的特色公园。

　　更多的中山公园呈现中西结合的风格。天津中山公园以"西学东渐、中西合璧"为理念，将中国传统园林艺术与西方建筑形式相结合。公园前门建四柱牌楼，正门设过街钟楼，楼上镶嵌着自鸣钟。园内有假山、水池、小湖，小路蜿蜒迂回，曲径通幽，路两侧花草遍地。汕头中山公园是中西结合的典型，有中式花园区和西式花园区。中式花园区建有竹廊藤架、假山、景亭、水榭、古桥等，体现出浓厚的中式古典风格。西式花园区建有欧式喷水池、自由女神像、孙中山铜像、花坛等，营造出欧式花园的风格。公园内还有中山纪念堂、纪念碑、音乐厅、运动场、体育室等，风格多样。武汉中山公园挖湖堆山，湖中筑岛，岛间架桥相连，建有亭台楼阁，并配置各种花草树木。四顾轩为罗马式建筑，石混结构，以方形花岗岩砌成，周围有十几个呈几何图形的花坛。四顾轩前有小山，月门洞建在其中，穿过洞门便是岳北峰叠石喷泉，假山的石缝中安置有一座仿欧式风格的东方少女汉白玉石雕，轴线北面设有欧式喷水池，筑有三层叠水盘，最上一层为浴女雕塑。园内还建有民众教育馆和孙中山纪念堂等，东西方风格相融。

山水格局

中山公园大多采用中国山水的理论来指导园林的选址和建造，因地制宜，堆山挖池，使山得水而活，水伴山而媚，二者相映成趣。

有的中山公园以山为主体，如杭州中山公园虽毗邻西湖，但坐落在孤山之侧，依山而建。温州中山公园背靠积谷山，山体面积约占 60%，是一座典型的山地式公园。奉化中山公园坐落于锦屏山上，山下有几条路线可以通到山顶，有梯道，也有盘旋而上的山间小道。梯道的节点设以碑亭和凉亭，在山顶可俯瞰整个奉化城。

中山市中山公园选址在烟墩山，是一个山林公园。

大部分中山公园沿用中国传统园林的做法，在选址和造园上采取山水结合。厦门中山公园把魁星山、凤凰山、魁星河、盐草河、廖花溪等引入公园，园内有三河萦其中，两溪贯其内，崎山、凤凰山南北相峙。形成了北部以大面积水景、山景为主，中部以水陆交融为主，南部以大面积陆地为主的格局。宁波中山公园三山鼎立，一水环绕。除独秀山外，尚有前山和后山，高低大小相仿。前山位处公园进门东侧，虽为泥石堆垒之假山，但不留痕迹，浑若天然。后山是建园时挖河泥堆造而成，垒置巨石后，怪石嶙峋，拾阶回旋，可登山顶。公园内的小河环绕全园，上架桥五座，游人可划小舟绕园一周。佛山中山公园则在平地上挖湖堆山，采用岭南园林的造园手法进行池、石、山、桥的巧妙布置。

纪念性建筑

为营造纪念孙中山的氛围，中山公园不仅在空间布局上强调轴线的引导，还在焦点位置设有孙中山雕塑、纪念碑、纪念亭、纪念堂等纪念性建筑。

牌坊作为园林景观的起点，具有很强的引导作用。中山公园的牌坊造型多简洁而有力，有木质的，也有水泥砌成的。汕头中山公园牌楼由六根高30米的红柱支撑，底座是由1米见方的花岗岩堆砌而成，牌坊上正中为谭延闿所题"中山公园"4个大字，牌楼背后的"天下为公"4个鎏金大字则是孙中山手书的放大笔迹，体现出中国传统园林牌楼的风格。

中山纪念堂是构成中山公园纪念空间的核心建筑，多采用中西合璧的建筑样式，并吸收中国传统建筑的元素，如在材料上，使用钢筋混凝土技术，并与砖木混合使用。大埔三河镇的中山纪念堂就是钢筋混凝土土木混合结构的二层建筑。采用对比鲜明的颜色，如江门中山纪念堂为金字桁架砖木结构，红墙绿瓦，对比强烈。利用当地技术和样式体现地域性传统，如惠州中山公园中山堂的华拱出跳，极具地方特色，既使用了岭南斗拱的造型，也具有时代的混凝土特点。

中山亭是一种简单易行的纪念形式。龙岩中山公园的中山亭为欧式尖顶四方亭，亭内有石匾，颂扬孙中山提出的新三民主义思想。

孙中山像是最直接的纪念性园林建筑。青岛中山公园的孙中山像，是一尊洁白无瑕的汉白玉半身像，背后苍松劲柏烘托出了伟人高大的形象。沈阳中山公园内中山先生雕像前的道路选用油松进行规则式配置，对称式的布局给人崇高肃穆的感觉，雕像四周布置常绿植物，寓意孙中山的革命精神像松柏一样长青。

◆ **中山公园的现实意义**

中山公园是中国近代园林发展史上一个独特的类型，其数量之多、分布区域之广，世所罕见，具有重要的园林艺术价值、社会文化价值和文物保护价值。早期建立的中山公园迄今有百年历史，往往以历史文化名园被当地政府列为文物保护单位，有的还被列为全国重点保护文物单位，具有里程碑性的意义。

中国近代园林历史的缩影

许多中山公园是其所在城市最早的公园，见证了中国近代园林的发展。有些城市的中山公园被认为是当地的"第一公园"，如漳州中山公园。青岛中山公园是当地建园时间最长、面积最大，各种设施相对完善的综合性公园。汕头中山公园于1925年正式改名，是汕头市现存建园最早、规模最大的综合性公园。始建于1928年的佛山中山公园，是佛山市第一个正式向普通百姓开放的公园。始建于1928年的北海中山公园，同样是北海市历史最悠久的公园。厦门中山公园始建于1927年，是当地最早、最大、最综合的公园。1929年在银川建立的中山公园，是宁夏的第一座公园。中山公园在中国近代园林发展史上具有非常高的地位和社会影响力。

反映了城市文化和时代风貌

中山公园是城市文化的载体，它保存了城市的记忆，对于传承优秀民族文化具有重大的现实意义与历史价值。惠州中山公园有着"惠州第一公园"的美誉，园内保留了隋代遗留下来的隋井、宋代石碑、百米长的明代城墙等文物古迹，1937 年后在园内又修建了中山纪念堂，1986年矗立了孙中山雕像，是一座难得的"惠州历史风景线陈列馆"，蕴含着丰厚的历史底蕴。

映射了中国近代的革命历史

中山公园有着很强的政治性，与其所在城市的革命历史紧密相连，是城市近代革命历史的见证。厦门中山公园在日本侵占中国时期改名为厦门公园，后重新恢复名称。沈阳中山公园前身为 1924 年日本人建立的"千代田公园"，抗日战争胜利后，1946 年改名为"中山公园"。青岛中山公园在德国占领时为植物试验场，日本占领青岛后称此园为"旭公园"，中国于1922 年收回青岛主权，1923 年改称为"第一公园"，1929 年为纪念孙中山又更名为"中山公园"，此名一直沿用。

青岛中山公园

维系中华民族爱国热情的纽带

天津中山公园与孙中山有着深厚的渊源，1912 年 8 月 24 日，孙中山应袁世凯之邀北上共商国是，到公园即席发表演讲。江阴中山公园是孙中山于 1912 年发表"叫全国的文明从江阴发起"演讲之所。而韶关中山公园是孙中山于 1922 年和 1924 年两次举行誓师大会的会场。中山公园成为炎黄子孙追念孙中山的胜地。

无锡市江阴中山公园

对现代园林建设具有借鉴意义

早期的中山公园大多形成于 20 世纪初，自由民主的思想使得公园风格多样，且造园艺术精湛。园林设计思想、审美取向和施工技术水平，体现了当时的城市文化和时代风貌，内涵丰富，饱含了深厚的文化底蕴。无论是从造园艺术手法还是文化内涵的彰显，对中国现代园林的建造和发展都有借鉴作用。

天津近代园林

天津近代园林得益于漕运促进南北文化交流，善于吸纳江南技法，几经积淀，融入地脉人文，及至近代百年受西方文化影响，酿就颇具特色的"津味儿"园林。

天津是一个较晚发展起来的城市，明万历四年（1576）始建城。清初期，寺观园林、衙署园林和私家宅园兴起。天津地处九河下梢，造园者无不借天然水色，或依河，或面水，植树造屋，营园林之盛。

　　近代的天津园林，私家宅园营造已达到鼎盛，而公园花园则刚肇始。自清咸丰十年（1860）开埠通商，英、美、法、德、日、俄等九国相继在天津开辟租界，天津沦为半封建、半殖民地城市，古老的津城偏离传统的城市形态。伴随着西方文化进入，在外国租界内出现异国风貌建筑和西洋式花园。清光绪六年（1880），天津法租界内建起第一个外国花园——海大道花园，这是天津近代造园史上的一个重要转变。1880～1938年间，外国租界陆续修建了维多利亚花园、法国花园、俄国花园、意国花园、大和花园等10余个异国风情的租界花园、花园式俱乐部和许多花园别墅，形成津城亦中亦西的园林风貌，并成为近代天津造园史上一个显著的时代特征。

维多利亚花园

　　发生在近代天津历史名园中的很多事变，都与近代天津政治、经济和社会变迁紧密关联。为清光绪皇帝建造的天津行宫被弃用、清庆亲王寓居天津的庆王府和京城庄亲王府拆移至天津，折射出清王朝走向没落；清逊帝溥仪被逐出紫禁城，逃到天津静园寓居近7年，记录他妄图复辟的垂死挣扎；发生在曹家花园的争权夺势，披露军阀混战时期的乱象；李鸿章祠和黎元洪、张勋、冯国璋等许多风云人物的花园别墅，证明天津在中国近代历史上的特殊影响力；维多利亚花园、法国花园等西洋园林的出现，凸显异国文化的涌入；近代园林中山公园，曾经留下革命先行者孙中山的奋斗足迹（1912 年 8 月 24 日孙中山在此发表演讲）。

近代天津园林按其功能可划分为寺观园林、御用园林、官署园林、私家宅园、花圃、墓园、租界花园、公共园林，计百余处，还有享誉津城的"南淀风荷""西沽桃柳"等名景。天津是最早在街道种植行道树的城市。早在 19 世纪 80 年代，天津英租界的维多利亚路（今解放北路）最先种植行道树，随后各租界主要街道都种植行道树。至 1905 年，天津"华界"大经路（今中山路）也栽上行道树。

上海近代园林

1840 ～ 1949 年的上海园林发展与演变。

◆ 概述

近代上海是中西园林文化交汇、传播的重要枢纽，是中国园林现代化的主要策源地，拥有中国年代最早和类型最全的市政公园，是中国传统私园变革时间最早、程度最高、影响最大的城市，是中国近代园林制度建设和行业发展最成熟的城市，也是城市规划中园林规划、绿地系统规划最早、最先进的城市之一。上海近代园林的现代化演进机制与规律，对近代及之后的中国园林具有显著的作用和意义，在中国园林发展史上具有特殊的地位。

以公共租界为主体的西方园林实践开启了上海园林的近代化进程，这一实践主要表现为对西方传统园林和现代化转型初期园林形式的直接移植。在中外两种经济文化力量的相遇、撞击、消融中，上海传统园林继文人园之后逐渐消解，以日益突出的娱乐功能和形式变异满足了新旧交替时代的多元化社会需求，各种园林形式均或多或少地呈现出近代城市公共园林的特征。

租界园林的发展，以 19 世纪 60 年代行道树、公共花园与外滩公共景观的建设为起始，市政园林的起步要晚于其他市政设施，到 19 世纪末才出现运动型公园的初始和娱乐公园向大众公园的转型。

为了点缀城市景观和满足外国侨民的需求，英美租界（1899 年改名公共租界）于清同治七年（1868）建成公共花园（今黄浦公园）。这是上海最早的城市公园。20 世纪初，公共租界和法租界又相继建成虹口游乐场（今鲁迅公园）、顾家宅公园（今复兴公园）、极司非尔公园（今中山公园）。至中华民国十六年（1927），两处租界先后共建造了14 个公园，其中除苏州河畔的一个小公园（俗称华人公园）以外，都以种种借口禁止中国人入园，黄浦公园门口还曾挂出过牌子，规定"华人与狗不得入内"。这种殖民主义的行径激起了上海人民的义愤，抗争延续半个多世纪。中华民国十四年五卅运动后，上海人民的反帝斗争风起云涌，迫使租界当局自中华民国十七年六月起陆续将租界公园对中国人开放。

清末民初，上海地方政府开始在其直接管辖区辟建公园。青浦县（今青浦区）于清宣统三年（1911）将曲水园改作公园开放，宝山县利用几座相邻的小宅园改建为城西公园。此后崇明、上海、金山、嘉定等县都先后改建或新建了几个小公园。中华民国十六年上海建市后，又相继辟建了市立园林场风景园、市立动物园、市立植物园、市立第一公园。这些公园后来大多毁于日军侵华战火。

随着社会经济的发展，上海出现了一种以营利为本、对公众开放的私有园林。清光绪八年（1882），由申园公司创办的申园开业。在此后数年内，这一类园林竞相发展，规模较大、设施完善的有双清别墅（徐园）、味莼园（张园）、愚园、大花园等。营业性私园融园林、戏院、中西餐饮和各式娱乐设施于一体，既打破私园对外封闭的传统，又开综合性游乐场之先河，成为各界人士游乐和举行多种社会活动的重要场所。张园是当时举行民间集会的主要地方。徐园则以举办各种花会、琴会、灯会闻名，被誉为"诗酒风流，闻名遐迩"。中华民国初年，张园、徐园先后衰落，半淞园、闵园、丽娃栗妲村等相继而起，其后均于抗日战争初被毁。

上海的单位附属绿地首先出现于外国教会及租界当局建立的学校、公墓、医院。清道光三十年（1850）英国圣公会创办的裨文女校（今市立第九中学），法国天主教会创办的圣依纳爵公学（今徐汇中学）就建有小块绿地。此后不少新建的学校、医院、机关团体和文化教育单位都同时辟建附属绿地。中华民国二十年在江湾新建的市政府办公大楼配建有大面积的附属绿地。由叶家花园改建的澄衷医院（今市结核病防治中心第一防治院）更是有名的花园医院。配合城市道路的辟建，清同治四年（1865）冬沿英美租界外滩道路种植了上海的第一列行道树，法租界外滩路段也于同治七年种植行道树。此后，租界当局就不断在界内的马路及越界辟建的"军路"两旁大量栽种行道树，至中华民国十四年，两处租界行道树总数达 4.6 万多株。上海县（今上海市）政府于清光绪三十四年始，在今南市区外马路植行道树，至抗日战争前，上海市政府直接管辖区共有行道树 1 万多株。

上海的植树节活动始于中华民国五年清明节，当时只是一种官绅举行的植树仪式，少有群众参加。从中华民国十六年上海建市到抗日战争前，是植树节活动开展得较好的时期，参加人数较多，活动内容多样。抗日战争和解放战争期间，因受战事影响，植树节活动时断时续。

随着园林事业的发展，专业生产、销售花木和营造花园的行业在清代中叶逐渐形成，近郊部分农民生产花卉、树苗由副业变为主业。清咸丰三年（1853），浦东人陆恒甫在龙华镇以南的方板桥购地 15 亩开设陆永茂花园（花圃），不久又开设了专业经营花木的第一家商店。随后又有多家园艺农场（苗圃、花圃）和花店陆续开业。光绪十七年创立了上海花树公所，上海建市后改组为花树业同业公会。中华人民共和国成立前夕，全市有园艺农场 80 个，花店 71 家。

清同治十年，英美租界工部局建立了第一个园林专业苗圃，法租界公董局也利用公墓的空地建立园林苗圃。中华民国三十二年汪伪政府"接收"租界时，产权属两处租界当局的园林苗圃共 6 个，总面积约 18 万平方米。宝山县于清光绪三十二年建林木试验场，为今上海市辖境内最早的官办苗圃。中华民国七年建成上海县立苗圃。中华民国十七年，上海县立苗圃和浦东塘工善后局花圃合并为上海市立园林场，下属有 4 个分场，总面积为 9.54 万平方米。上海解放时，全市共有园林专业苗圃 7 个，总面积 22.04 万平方米。

◆ **管理制度**

近代上海园林管理制度也始于租界，大体上 19 世纪是租界园林管理制度的初创期。园林的管理制度得以制订，公园管理规则开始形成，虽然园林管护也从非专业人员或者机构的兼管发展到园艺师的专职管理，但管理主要限于公园的游客管理，管理机构、体系、制度也不完善。

租界时期（1845～1943），上海园林管理机构三足鼎立。公共租界工部局（相当于今市政委员会）于光绪二十五年设公园与绿地监督；法租界公董局于中华民国六年设园艺主任，三年后设园林种植处；上海市政府的园林管理在抗日战争前分属于社会局、教育局、工务局，抗战胜利后建立园场管理处。园林绿化长期的分散管理，形成各辖区的园林布局、园艺风格、管理规程各有差异。

近代园林的管理成果是：至 1949 年，上海市区有公园 14 个，总面积 65.88 万平方米；街道绿地 10 处，总面积 3600 万平方米；行道树 1.85 万株；市区人均公共绿地面积 0.13 平方米。全市园林绿地总的情况是类型不全，绿地、树木大多集中在沪西高等住宅区一带。当时的郊区及中华人民共和国成立后划入上海市的县内共有公园 6 个，但都残破不堪，有的名存实亡。

上海租界的城市建设，从观念到技术，从方法到材料，管理当局无不以西方发达的城市为样板。一方面，租界园林的拓展对技术不断提出新的要求，促进了西方园林技术理念的引进与消化；另一方面，先进的理念与技术又促进了租界园林的进一步发展，从而形成了租界园林快速发展的新局面。

20 世纪前 20 余年是上海公共租界和法租界园林发展的黄金时期，租界公共园地的大量建设与全面拓展、园林管理与技术的进步是上海近代园林进入发展期的主要特征和重要标志。受租界园林影响，华界主动学习和借鉴租界园林，吸纳外来思想，社会的近代园林意识已在不同程度上普遍形成，园林花木业蓬勃发展，园林同业组织也得到发展。

山东近代园林

《尚书·禹贡》："海岱惟青州。"海即大海，岱即泰山，青州为古齐鲁，山东之古称。青州之域，东至大海，西至泰山，故山东园林又称海岱园林。

山东近代园林范畴包括：①古代传统园林遗存，此类园林兴建历史悠久，但历经沧桑，几经修建、扩大或缩小，其特色依然保存，至今依然存在，继续为游人游赏休闲场所。②近代新建园林，1840 ～ 1949 年所建的园林。

◆ 形成与发展

山东地处黄河下游，兼得山、海、湖、河之势，是中华文明的重要发祥地之一。山东的齐鲁文化源远流长，泰山在这里崛起，黄河在这里入海，孔子在这里诞生，是山东自然和文化资源的生动写照。山东为圣贤桑梓，文化圣地。山东先民秉持天人合一观而亲水乐山，"仰圣贤遗德，钟山水性情"，创造出园林文化，在整个中华园林文化中占有突出地位，对中国传统文化的形成和发展产生巨大影响。

在齐风鲁韵的孕育下，浸染着儒、释、道文化的印记，在几千年的文化洪流里，三教不断融合，殊途同归，共同体现返璞归真、回归自然的思想，共同追求和谐相处、共生共荣的世界，这一切对山东的造园艺术起到十分重要的影响。中国三大教派儒、道、佛在山东境域的不断发展、创新、融合，促使山东园林的形成与发展。

在山东园林发展中，许多造园意境和造园手法都有三教融会之烙印，从而形成"大气灵秀，智水仁山，淡雅古朴，道法自然"的山东自然山水园林。中国园林自秦汉以来形成的"一池三山"模式和布局手法，就源于山东蓬莱海上仙山文化。而泰山封禅活动及秦皇汉武东巡名山大川，则开创中国风景名胜园林之先河，故山东园林对整个中国园林的形成、丰富和发展作出了巨大贡献。

山东省园林发展主要有 5 个时期：①先秦时期是形成期。山东在先秦已出现皇宫园林、梧台宫及梧台、纪台，台是园林的一种形式。先秦独特的山水文化孕育和产生山东园林文化。园林文化的兴起，是人类崇尚自然、回归自然的必然产物，是人们在审美过程中，逐步深入到自然艺术的境界，即实境、意境、空灵妙境的范畴。②秦汉时期是发展期。蓬莱仙岛与灵水崇拜是秦汉自然山水园形成的蓝图，秦始皇遣徐福东渡未归，就在山东建台、筑台，以祈求这种仙境的环境，开创中国园林"一池三山"之造园模式。泰山封禅是神化自然的集中体现，泰山神由一般自然神演变为具有人格化且有帝王之尊的神灵。泰山的封禅活动和秦皇汉武的东巡，开创中国自然风景名胜园林之先河。③魏晋至元是山东私家园林大发展时期。魏晋南北朝时期上承秦汉风韵，冲破山水比德学说禁锢，寄情山水，崇尚隐逸。这种追求神似的思想是山水审美的根本转变。在自然美为核心的美学思想影响下，大自然的神异色彩已转化为园林中可亲、可居、可赏、可爱的自然。隋唐时期已将"形似"发展为"畅神""神似"，文人们热爱自然，歌颂自然，并在有限空间内表现大自然景色，"壶中天地"园林应运而生。两宋时期，由于皇家园林的发展和文人园林的兴起，促使山东园林的发展。元代时期整个园林文化从鼎盛迅速下滑，进入一个迟滞的低谷状态。④明、清时期是园林鼎盛时期。明清时期园林发展迅速，文人画家积极参与造园，把绘画、诗文、书法三者融为一体，使园林意境深远，更具诗情画意，私家园林的建设兴旺一时。⑤近代传统园林衰落、新兴园林发展期。此时期中国本土园林发展极为弱势，强制性的文化渗透，受西方风格园林形式的冲击，催生出租界园林的形成。在中西文化的碰撞中出现文化融合，产生中西融汇园林，且城市公园也相继出现。

◆ **分类**

在中西南北古今园林相互融合中，山东近代园林渐次形成自己的风格特色，表现在近代园林建设上也是形态各异。

传统园林及公园有：①皇家贵族园林，以曲阜孔府铁山园和孟府花园为代表。②寺庙园林，以孔庙、岱庙、孟庙、蓬莱阁为代表。③校园园林，以威海刘公岛水师学堂为代表。④私家园林，以偶园、十笏园、万竹园、魏氏庄园为代表。⑤纪念性园林，以蒲松龄纪念馆、王渔洋纪念馆、范公亭公园、威海鲸园、博山因园等为代表。⑥风景名胜园林，以泰山、崂山、沂南竹泉古村落和马牧乡古村落、荣成东楮岛历史文化名村为代表。⑦陵园园林，以孔林、孟林、禹陵为代表。⑧书院园林，

以青州松林书院为代表。⑨城市公园，以济南大明湖公园、济南趵突泉

公园、济南中山公园、
青岛中山公园、青岛鲁
迅公园、青岛栈桥小青
岛公园等为代表。

西式园林有：①西
式贵族庭院园林，以青
岛总督府和提督府为代

济南大明湖

表的西式贵族庭院园林为代表。②西式教堂寺院园林，侵华"列强"在
华强制性文化渗透的集中体现，便是大建教堂寺院。自 1840 年以后，
形式多样的宗教性建筑相继在青岛、济南、烟台、淄博、临沂、济宁等
地建成，如青岛的天主教堂、基督教堂，济南洪楼大教堂，济宁苌园天
主教堂等。③西式风景区别墅群园林，以青岛市"八大关"别墅群风景

区园林为代表。④西式使
领馆区园林，以烟台领事
馆园林为代表。⑤中西风
格融汇园林，其典型代表
是济宁市的苌园。

◆ **特色**

山东园林组成要素的

青岛八大关

特色与深厚的历史文化相结合，构成山东风景园林特色。

历史悠久、底蕴深厚。北魏时期，在曲水亭、珍珠泉附近的园林中

已出现流杯池；隋开皇（581～600）年间依山势凿窟镌刻佛像，建成的千佛崖，后期改称兴国禅寺；隋大业七年（611）修建的四门塔，是中国现存最早的古老石塔；建于东汉永建四年（129）的长清孝堂山汉代石祠，是中国最早的地面房屋建筑……在中华园林发展史上，山东比较著名而又独具特色的古代园林有使君林，建于北魏正始（504～507）年间；房家园，建于北齐（550～577）年间；云庄别墅，建于1321年。

门类丰富、异彩纷呈。山东园林几乎涵盖中国园林所有门类，而皇亲贵族园林、寺庙园林则更是别具一格。在近代新建园林中，从街头绿地、游园到纪念性园林、私家园林、校园园林、别墅区园林和使领馆园林，一应俱全。

植物多样、绚丽多彩。山东省属暖温带落叶阔叶林区，不仅栽培植物、饲养畜禽品种丰富，也蕴藏着丰富可资利用的野生动、植物资源。植物资源的主要特点是地域特点明显、古树名木繁多、广泛引进外来树种、突出植物造景。

叠山理水、巧夺天工。山东近代园林中堆山叠石和理水技艺已日臻成熟，充分利用当地自然资源，依山就势开池筑山，聚石引水，同时在庭园置石方面，运用广泛，留下不少古代名石和明清以来的假山作品，不仅成为珍贵历史文物，也为后期的园林发展奠定基础。其特点是：因地制宜、巧于因借；园林置石广泛应用；中西合璧，不拘一格。

南北融汇、质朴典雅。山东园林兼具南北园林之特色，摒弃皇家园林的豪华、富丽堂皇、以势压人，而突出博大、典雅、质朴。学习南方园林的小巧玲珑，小中见大，去其封闭、烦琐、庞杂，突出自然灵活、舒适简约之特色。传承齐鲁文化和孔孟思想，运用局部轴线变化和园中园的手法，逐渐形成古朴、典雅、自然、博大的齐鲁园林风格。如孔府、孔庙、孟府、孟庙、岱庙，布局严谨，轴线对称，中规中矩。十笏园、万竹园为私家园林，园林构图部分形成不同轴线，形成大小不同、空间各异、虚实对比的庭院和园中园的手法。整个园林古朴、淡雅、自然、隽秀。

河南近代园林

河南近代园林概指 1840～1949 年在河南省域内改建、新建、附建的各类园林。

河南地处黄河中下游，古称豫州，为九州腹地，华夏中枢。得天独厚的地理环境和积淀深厚的历史文化，曾经孕育出古代文人园林的艺术奇葩。薪火相承的造园艺术，在西风东渐、灾难频仍的近代历史上，经受了社会动荡的冲击、外来文化的碰撞和自然灾害的破坏，仍然赋予了其地域园林以古典的神韵和意境之美。

相形之下，肇始于近代园林中的西式风格，也逐渐发展演化，成为社会革旧布新的象征，诠释出河南近代园林的时代精神。这其中最具代表性的，是豫省城市公共园林的出现。

河南近代的城市公共园林多集中于开封、焦作、郑州、洛阳、南阳、新乡等区域性政治、经济中心城市。这些各具特色、不拘一格的新式园林，常常在旧园的基础上或做改建添建，或做功能变化，或做美化处理……便以公园形式闪亮面世。尽管其在园林布局上颇显简陋，但即使是见缝插绿、标语牌楼、草亭应景（如相国寺改建中山市场，其二殿前辟建平民公园）的微型园林，也给沉闷晦涩的城市面貌带来焕然一新的别样风景。

河南的城市公共园林建设多以简政新民，服务百姓为宗旨，因陋就简，不拘一格。多数园林中并附设游艺室、图书馆及简易健身设施（如郑州平民公园等），成为民众娱乐强身，接受新知识的场所。也有一些园林建有演剧礼堂，设置茶室及照相馆，蓄养珍禽异兽（如郑州陇海花园等），愉悦员工，兼向公众，标榜与民同乐思想。又有一些园林建有纪念碑、纪念亭、纪念铜像等（如开封龙亭公园等），教育民众敬仰先烈，尽忠报国。还有一些园林设置微缩地理模型，详细标明丧地国耻诸端（如开封市公园等），令游观者概览之余触目惊心，进而激发起国家有难匹夫有责的爱国激情……这些灵活多样的城市公共园林形式朴素实用，立意别具风格，对革除积弊，淳朴民风，开启民智，激发士气，起到了事半功倍的效果。

河南近代园林在植物配置上也带有明显的时代特征，出现了近代才开始引入中国的洋槐、池杉、落羽杉、紫穗槐、悬铃木、金鸡菊、美国橡树、黎巴嫩雪松等洋植物品种，其中树形美观、速生性强的洋槐、悬铃木等成为河南广泛引种的骨干树种。

河南是理学的故乡，近代开西学风气较晚。鸦片战争以后，中国沦为半殖民地半封建社会，河南的经济社会发展，也随之发生了重大变革。从洋教的强势楔入、新政的推广普及，到洋务运动的蓬勃兴起、辛亥革命的波诡云谲，再到近代铁路的修筑、中华民国政府的誓师北伐，以及宛西自治的苦撑力践等。这些近代中国标志性的历史事件，都直接或间接地影响了河南近代的园林建设，并由此促成了某些特定园林形式的出现——诸如南阳靳岗天主教总堂圩寨园林、信阳鸡公山避暑胜地别墅区园林、安阳洹上村袁世凯养疴归隐园林、安阳袁公林中西合璧式帝陵园林、河南农林试验总场农圃林地园林、京汉道清陇海铁路专用苗圃园林、河南大学新型校园园林、洛阳西工地兵营园林、开封龙亭孙中山纪念园林、郑州碧沙岗北伐纪念园林、河南省政府辕门内公共园林、开封新公园与市公园微缩模型园林、皖西自治区域经济复苏园林等。

河南尤具恢宏气度的近代园林建设当属开辟百泉风景市的计划。苏门、百泉风景早在3000年前就冠绝河朔，历有名贤栖隐讲学，交通便利，景物宜人。河南省建设厅惜于胜迹凋残，无人整理，遂于1928年就此地开辟出81000亩的苏门山第一林场，修筑林道，修缮屋垣，遍山植树。1933年又委派专人勘测绘图，筹划整理，拟具建设计划报请省政府批准。计划分3年实施，拓建道路，修葺古迹，扩充风景，辟建公园，促其建设成为河南省第一模范风景市。这一专为名胜风景设置的市级行政区划，在中国近代历史上可谓独具一格。

曾经两督豫政的冯玉祥体念民艰，刻不忘怀，其主豫时期大刀阔斧，致力于建设新河南，令豫省城市公共园林大有起色。冯玉祥素有"植树将军"的雅称，当时以兵工之力营造的防风固沙林、铁路护路林、陵园纪念林等，大都郁郁葱葱，蔚成风景，成为造福桑梓、荫庇一方的大型人工林地。冯玉祥毁庙倡学之举也造成了河南各地寺观园林的无端破坏，所部石友三竟公然拆毁南阳医圣祠西院的医林会馆，又以寺僧支助樊军之由而火烧少林寺，焚毁店堂 200 余间，令禅宗祖庭千年古刹付之一炬。

综观河南近代园林的发展沿革，不难看出，传承近 4000 年的传统园林文化积淀和新旧变革、社会动荡、中西方文化发生激烈碰撞的近代历史背景，造就了河南近代园林融合各类园林思想，包容不同地域文化，共存杂处，和而不同，中西兼容，情趣盎然的独特风格，带有明显的时代烙印和进化潜质，构成中国近代园林不可或缺的重要组成部分，也为当代河南园林的发展，留下了弥足珍贵的历史镜鉴。

湖北近代园林

湖北近代园林指主要集中在中国湖北省武汉、沙市、宜昌、襄樊等长江、汉江沿线的城市与地区的私家花园和城市公园。

湖北省近代园林的建设与发展受到政治更迭、经济兴衰、社会变革等状况与条件的深刻影响。政治显要、经济发达的城市成为园林营造的主要场所，表现出地域分布上的不均衡性，大多数私家花园和城市公园主要集中在中国武汉、沙市、宜昌、襄樊等长江、汉江沿线的城市与地区。近代湖北经历的重大政治事件，诸如 19 世纪中叶帝国主义列强的殖民、1911 年武昌辛亥首义成立中华民国、1927 年成为北伐战争的重心等，使其园林发展随政局起伏，有抒发、彰显革命豪情的建构，也有内忧外患、兵燹战乱的破坏。另外，清朝末期士大夫于朝野之外的闲情雅致、中华民国时期富商军阀的休闲社交需要、大众平民的环境卫生需求，使湖北近代园林有传统私家园林的韵致，也有新兴园林的朝气与理想，呈现出各异其趣的丰富性与多样性。湖北省近代园林主要有清末私园，会馆花园，租界园林，军阀、富商私园，市民公园，大学校园6类。

◆ **清末私园**

封建官僚富贾、士大夫"解甲归田"后，崇尚雅兴，造优雅庭园，寄情花木园亭，假以自娱。造园风格上有江南园林的玲珑精致，也有位居中原、因借形胜而具备的些许大气，并融汇了丰富的传统造园手法：①山水相生，巧于因借。依湖北的山水资源，承中国园林造园的山水传统，这些园林选址多在城郊依山傍水、风景佳丽之处，如乃园驻蛇山，山顶设高观台，可见楚天寥廓，上借白云黄鹤，下借鹦鹉洲，东洪山、西汉阳、南金口、北青山，拓展了园林的空间感受。②诗情画意，追求"诗中有画，画中有诗"的意境，如寸园辖地仅一亩，但构园别出心裁，有山石，有亭廊，有花木，其命名不仅吻合园林的内容，还蕴含意味深长的哲理。园主张月卿即感叹昔时在京为官："操寸柄，握寸印。……三寸之舌敝，数寸之管秃，日劳劳于方寸中，以至于病。……今退老是园，寸木拳石，可以怡情，寸晷分阴，可以习静也。余固不欲绌寸进尺，积寸成丈，得寸则寸而已。"此外，园林建筑的命名、楹联也深化了景物内涵，如乃园的"山远夕阳多"亭，琴园的"冷香移锄月馆"等。

◆ **会馆花园**

由外地寓鄂同乡所建，既非官府花园，也非私人宅园，是公众集会、团体办公和消遣娱乐的场所，建筑的设立与植栽的配置体现了团体共同的利益或信仰，如位于汉口旧循礼坊夹街的怡神园，即山陕会馆花园，供山西、陕西两省商人议事。园内建有正殿、拜殿、鼓楼、春秋楼、吕

祖阁、文昌殿、七怪殿、魁星楼等建筑，殿旁栽植蕉、竹等。园中央有
石砌假山，山上筑有六角
亭，杂植蕉、桐等花木，
山傍墙边另有淑芳亭、财
神诸殿，均体现了园主人
特定的品位与旨趣。

湖北襄樊山陕会馆

◆ 租界园林

汉口开埠后，于长江
沿线陆续设立英、德、俄、法、日等租界。自清光绪元年（1875）始，
外国人据其本国园林传统在租界区内相继建设了一些风格各异的花园，
置身其中，如渡异邦。但有限的土地资源、水患频仍的自然条件，使汉
口租界园林呈现出有别于其他租界园林的特点：各国租界园林以建筑附
属园林为主，如 1875 年在原英租界内建造的海关花园、1892 年在原法
租界内建造的法国领事馆官邸庭园；甚至催生了屋顶花园的园林类型，
如 1907 年日清轮船公司大楼坪顶的露天花园；"公园"这一在其他城
市租界早已普及的园林形式，在有效控制水患、进而获得更多可资利用
的建设用地之后，才在 1920 年后经由日本人之手有所建置，即共乐花
园、四季花园和日本公园。同时，各国租界出于营商便利沿长江串联排
布，并随之从 19 世纪 60 年代起逐渐形成了近代汉口特有的外滩"绿带"
风景线。汉口租界园林奠定了近代以租界为轴心的绿地系统雏形，促进
了华界屋顶花园、营商经营性园林的建设，对汉口的近代化发展具有重
要的历史意义。

◆ **军阀、富商私园**

军阀、富商这类园主多重利轻情，缺少文人雅士的素养，造园的目的多为物质享乐，失于精神境界，如杨森花园；或为社会交际，逊于闲情逸致，如汉口刘园。私园在构成上一般是西式别墅配以中式花园，如曹家花园、杨森花园等，显得生硬、简单。清末文人叶调元有《汉口竹枝词》可大致形容这种状态："名园栽得好花枝，供奉财翁玩四时。可惜主人都太俗，不能饮酒不能诗。"然而，倚湖北之地利，这些私园也多秉承了借湖光山色、因地制宜造景的传统，如湖上园近临南湖秀色，曹家花园傍依珞珈茂林、毗邻东湖烟波等。

◆ **市民公园**

1911 年武昌辛亥首义后，作为对"三民主义"理念的诠释和对大众生活的关注，在私家宅园、府署庭园进一步发展的基础上，公园应运而生。一些政府官员、建筑或园林设计师目睹人们沉溺于鸦片、赌博，痛惜其奢侈糜烂的生活。为改良社会风气，提升国民身体素质，汉口市市长刘文岛、国民革命军第十军军长徐源泉都提出园林建设应服务"高尚娱乐"的主张。汉口中山公园、武昌海光农圃、沙市中山公园、宜昌东山公园等都是基于这样的理念而组建、经营的。

公园设计则大体上有 3 个特点：①由于一些设计师学贯中西的知识背景，新建的市民公园在形式、内容和风格上多融汇中外元素，反映了湖北近代园林对异域文化的吸纳和包容，如汉口中山公园由留学英国、比利时，研习建筑设计等工程技术专业的吴国柄设计；沙市中山公园由在上海交通大学接受了西式教育的浙江籍建筑师王信伯设计。②一些公园由私家花园扩展而成，在地形处理、设施配置、植物运用上延续并发扬了中国传统的园林营造特色，如武昌首义公园即由清末居于蛇山的乃园并入、修建而成。③由于场地条件、管理方式、市场需求等因素，有的园林在绿化、美化的同时纳入生产内容，如海光农圃不仅为广大市民提供了锻炼身体、开展正当娱乐活动的场所，而且从事农业生产、农副产品加工、花卉果木栽培；又如宜昌东山公园专门划地 40 亩，发展鄂西林木生产，栽植代表鄂西地方性的柑橘、油桐等。

除上述之外，于 1933 年建造的湖北水灾纪念公园是个特殊的例子，建园一是为了纪念 1931 年武汉水灾之赈济，二是为了颂扬中华民国政府为民之德意，但是为保全公物、避免纠纷而禁止游人任意出入，这在一定程度上反映了湖北省近代时期对"公园"的概念仍有不同的理解。

◆ **大学校园**

国立武汉大学校园于 1928 年落成，其园林绿化有 3 个特征：①与政治的联系。国立武汉大学的筹建始于 1927 年大革命失败之后。其时武昌中山大学被新桂系军阀摧毁，作为华中重镇的武汉出现了百年来大学史的空白，作为政治和经济的中心，文化教育却瞠乎其后。武汉大学因之得以创办，而由于湖北政局的动荡，大学设为"国立"，以保证其发展所需的长期稳定。1938 年武汉的沦陷却直接导致校园的凋败。②园林传统的继承。国立武汉大学由美国建筑师 F.H. 凯尔斯主持设计，他对中国传统建筑、园林颇有研究，在规划设计中充分利用珞珈山和东湖的山形水势，发展了中国传统园林的建筑与山水、绿化等相辅相成、浑然一体的创作理念，并通过本土植物的运用，发扬传统文化，增强地域

认同感。③服务大众的社会功能。国立武汉大学位居城市东郊，但设置

的植物园、花卉园，
不仅为校内师生所用，
也为校外市民休闲赏
玩，同时普及植物知
识，与社会有着紧密
的联系。

湖北省近代园林

武汉大学老图书馆

在造园上的成就主要体现在清末延续文化传统的私家园林、中华民国时
期中西合璧的大众公园和大学校园3个方面。但是，由于政治更迭的影
响、天灾人祸的不幸、管理经验的缺乏，上述园林在中华人民共和国成
立前多毁损于兵燹、水灾、火灾，或园容惨淡、残破不堪。仅存的园林
只有武昌曹家花园、海光农圃、首义公园、国立武汉大学、汉口中山公
园、沙市中山公园等，宜昌东山公园名存实亡，至中华人民共和国成立
时仅存牌坊一座。

香港园林

香港园林指中国香港特别行政区的园林及其发展。

香港位于中国南海之滨，是珠江出海口流域的一座国际闻名的大
都市。它由香港岛、九龙半岛、新界和周围的230个离岛组成，总面积
1110平方千米，总人口约750万人。属亚热带气候区。

◆ 20 世纪前概况

自 1842 年英国人占领中国香港至 1938 年，这段时间被称为战前。这时由港英政府建设的园林只有 17 处，总计仅 50 公顷左右，但经过二十世纪五六十年代至八十年代，香港的园林已有 200 余个，面积达 5500 余公顷，这一时间是香港园林发展的高峰期。不过这时的公园多为"见缝插绿"的小型公园，有的仅仅是一个球场，不能计入园林之内。直到 20 世纪，香港已成为亚洲"四小龙"之一，经济发达，公园建设也随之发展迅速，有成千的小公园和 20 多个亮丽的大型公园。

◆ 本土传统园林概况

从园林来看，虽然在史册上并不见有此名称，但在有的历史文章中，却也有关于"长春园"的记载：长春园位于元朗锦田的水尾村，是一个以青砖所砌的围场，之前是科举时代提供给考武科人士练习武术的场地。在新界的一些如水乡式的南生围、保存完整的吉庆围，还有可叹茶、识百草的焦坑园等，具有一种香港独有的田园景观，也是提供昔日人们生产、生活和作息的场所，可以作为早期香港园林设置的探源、研究和借鉴。

◆ 早期游乐场所

随着香港城市经济的发展，有钱的商人逐步兴建起自己享乐的游乐场，最早兴建的是位于港岛黄泥道的客家村樟园，依山而建。因该处蚊虫多，故遍植樟树驱蚊而名。樟园是香港游乐场的先声。樟园开放后，因来的人太多，故改为正式售票开放，樟园主人也就乘势集资另建了第二个游乐场——愉园。

愉园的面积较樟园大数倍，其中的花木更多，而且还建筑了一些传统式的亭台楼阁，设有水池假山，还栽植了西方的修剪绿篱，又添置了其他的服务设施，如茶馆、食肆、酒吧等，一度与广州的东园、上海的张园并驾齐驱，成为盛行于当时中国南方的三大游乐场。

愉园的拓展，虽比樟园为盛，但仍是以游赏为主，故被认为此等场所是"游有余，而乐不足"。于是又有商人在西环兴建了一个太白楼游乐场，特意增添了旋转木马、风枪射击，以及有奖猜谜等项目，并开凿了一个大水池，可以泛舟。饮食服务也更加多样化，招来了更多的游客。

随着香港城市的发展，人口剧增，消闲的游乐场仍然不敷使用。这时，又有商人利用港岛北岸七姊妹道的填海地，开辟了一个游乐场——名园，于1918年开业。十年后因更换主人，两度结业，至1929年又重新开业，更增添了许多设备和项目，如滚轴溜冰场、跳舞场、单车场、粤剧场、儿童游乐场、百鸟巢、唱书台等，内容十分丰富。同年，有上海联华影业公司租其作为他们在香港拍摄影片的场所。1930年，他们又转租于另一公司经营，添置了八阵图迷园、谈情室（情侣）、麻将桌等，生意更为火爆。

这时，香港的商绅利希慎修建利园，并在园中设计"曲径通幽""步移景异"等中国传统园林的造景手法，成为香港早期游乐园经营的黄金时代的典型。

◆ 私园

由于香港在19世纪之前还没有建制设市，据有史可查的仅有几处私园。

①康健园。主人李福林，1907 年加入同盟会，抗战时任广州游击队总司令。1949 年移居香港，在大埔 18.5 米处建康健园，面积较大，有花园、果园和农场。20 世纪 50 ～ 60 年代还可以出售桃花，并设有餐厅，也可供人游览，现花园已毁，改建成为一片平房别墅群。

②余园。主人余东旋，为马来西亚华侨，是赞助孙中山革命的富商。他于 1927 年移居香港，次年即在大尾笃建了一座意大利式的湖畔小镇，名曰"SIRMO"，并建了一座哥特式建筑，尖顶、三层高，红砖，屋后有车房，还有电梯。1988 年拆卸后新修大厦，改名凤园。

③松园仙馆。位于大埔头附近，20 世纪下半叶建，占地面积 18 公顷，为大型游乐区，还有酒楼。在大埔还有一个 20 世纪 60 年代修建的桃源洞，亦名桃源仙境，又名芦峰学院，以修身积善为宗旨，园内布置雅致，洞内也有天然的游泳池。

④栖霞别墅。1920 年由港绅何晓生、刘铸伯倡建。正门在围墙一隅，有题名，园内曲径疏林，园庭篱落，风致嫣然。出门不远，植米仔兰数株，暗香袭人，殊觉超逸。莲社会所，塑莲花一朵，前有园池，韵曰"八功德池"。楼内奉无量寿佛。楼之右另建一座洋楼，门额隶书"鹿野苑"，楼亦为三层，殿内《三宝佛殿》纵横其广高仅二丈。

◆ 20 世纪香港四大名园

早期的香港，基本上没有留下私人较具规模的大宅园，即使有一小部分，经过百年的沧桑巨变，也早已被破坏殆尽。但 20 世纪以来，有 4 个私园颇具规模又各有特色，其中有 3 处都开放自由游赏，受到游人的欢迎与喜爱。

大屿山悟园

位于大屿山凤凰径靠近万丈瀑的一段山坳僻地，最初是由香港富商廖氏购得百亩之地，营造园林，以度晚年。此人信佛，法号悟达，是以悟园名之。同时，他又感慨于北宋时的景、炎二帝被迫南逃，在大奚山避金人之追逐时，北望伶仃茫茫天水，人事兴废，不可复睹，而发思古之幽情，感宋帝之一胸，憬然有悟，故亦以"悟"字名园，此为其又一含义。

此园于 1902 年筹建，于 1906 年建成。因地处山坳，少平地，故建筑布局只能依山而筑，高处建堂，二层有平台，可眺望，左右建轩馆屋宇，有廊相连。堂前种植花草树木，堂后有鸡笼、竹林，建筑均无雕饰画作，全园朴实无华，以隐逸安乐、静观大自然以修身养性为悟的志趣。

由屋宇往前看，集两旁山谷底之流泉而建一大水池，池中设亭，有九曲桥相通，其余水面则满种荷花或养鱼，可赏荷叶田田、戏鱼跃跃之远、近景，又可远眺重峦叠翠，百鸟翔空，芳草春绿，霜树秋红等四时之景，莫不相随，故当时被称为"香港最富于东方色彩的园林"。除利用山水建筑外，主人更重视植物品种汇集，将名花异卉移植入园，如苏州邓慰镇的梅花、太行山的竹类、洞庭山的枇杷，乃至云南的山茶花等。园主继承儒家先贤所倡导的"与民同乐"的优秀传统，将此园对外开放、任人游赏。悟园自建成以来，其景观大体保存至今。

港岛何东花园

位于太平山顶道 75 号，是香港较具规模并极有政治影响力的私人别墅花园。始建于 1927 年，原名"Ho Tung Garden"，花园占地面积 20 万平方尺。经历多年巨变，除主体建筑物和大树基本保存下来，其他园林部分至 2016 年几乎已毁坏殆尽，业主已出售该物业，另作他用。

何东花园是香港一座典型的中西合璧的私园，立于港岛的扯旗山顶，宅前为草坪，主楼依山而筑，呈梯田式，颇有"种豆南山下，草盛豆苗稀"之韵味。园内其他设施有中式的亭桥栏杆、宝塔、洞穴；也有西式的墙垣、棚架、喷泉、草坪；主楼是西式的墙壁，中式的琉璃瓦顶；而入口牌楼为中国传统式四柱三开间，正中额书英名"Ho Tung Garden"，亦有阿拉伯数字 1938，左右横额为"蔚霞""星辉"。

香港在英治时代，山顶是不许华人居住的，山顶的建筑也不许采用中国风格，然而在何东花园居住的是具华人身份的何东一家人，主楼的屋顶采用中国传统的琉璃瓦建材、中国古建筑发卷的形式，或采用中西合璧的风格，在山顶建了这座中国传统风格的居所园林，从而提高了这座花园的历史文化价值。整座花园也可作为华人争取平等权利的代表作，理应作为香港的历史文物保存。可惜，经过多次交涉却未果。

港岛东区虎豹别墅

又称胡文虎花园，中国南洋巨富华侨胡文虎、胡文豹兄弟于 1935 年兴建，位于港岛铜锣湾大坑道，总面积 53.4 公顷，主要分为住宅与花园两大部分。境内基本为坡地，最高处建有一座七层高的六角中式宝塔，宜于观海上日出，故曰"虎塔朝辉"，为香港八景之一。

住宅建筑占地面积 2030 平方米，为一座中西合璧式的豪华建筑。花园部分则以民间信仰的神话故事塑像和亭台小榭、叠石、小径为主，具有奇形怪状的造型雕塑和五颜六色的视觉刺激感。1998 年，长实集团已将之收购，将住宅部分拆卸重建，花园部分则改建为以介绍中国节日和文化为主题的园林，并命名曰"喜园"。

原建的花园与中国传统的私人的园林有着迥然不同的内容与形式。在山峦之间，设有以佛教神像为主的雕塑，如释迦牟尼、六祖慧能、观世音、三世如来佛等，也有苏轼、林则徐等历史名人的塑像，另有成组的故事或动物雕塑。整座山峦洞穴曲折幽深，神秘莫测；设色造型，光怪陆离，人间地狱，善恶分明，其目的是教育人们要多行善事，做好人。

住宅建筑部分仍保持中西合璧风格，内有音乐厅、金库，内部装修采用意大利式圆圈花纹扶手、帕拉第奥式楼梯，大厅、厨房、睡房等旧貌仍然保存，更显出胡家大宅旧日的豪华与气派。这部分已在 2014 年由胡氏后人胡焯接棒改为"虎豹乐团"，作为培养中国音乐人才的训练基地，这是十分适合的一种历史文物保护的措施。

荃湾李氏龙圃

荃湾李氏龙圃位于荃湾深井的青龙头，亦称龙圃别墅，为香港名宿李耀祥于 1948 年修建的一处私人花园，占地面积约 8.5 公顷，处于大青山脉一隅，背倚山峦起伏的青山，下有溪涧流泉，重峦叠翠，为香港一处游览胜地。

龙圃的规划设计由美国留学的建筑师朱彬主持，由于地形地貌的独特，其设计也不同于一般的平原之地。圃之大门面南，依山峦、临河溪，将用地四周筑以高达 6～8 米的城墙。溪为护城之河，经城门出入，俨然深闺大宅之境。入门之后，也不见有厅堂主体建筑，而是依自然地形之势，在林木曲径中去寻觅园林的主体与主景。龙圃的主体似为园主墓葬。在墓前辟了一个宽大的广场，南端竖了一个三开间的中式牌坊，坊上横额曰"望云"。广场两侧建有东西鼓楼，广场周边设有石狮、石磴道。从整体看，墓葬规模与气势已构成龙圃的主体，故龙圃亦可认为是家庭式的墓园。

龙圃以小型灵活的亭台小品建筑为多，但形式各异，显得丰富多彩，是其特色之一。其中以逸亭最大，中式八角形，由香港名宿周寿辰题匾，寓意园主退隐建园之逸乐。距逸亭不远，又有一平顶的扇面亭，三开间，建于半山腰一小水池旁平台上，四周以底栏环绕，亭曰"知乐"。因亭子近水而设，或寓意"知鱼之乐"。

此园的另一特色是以龙作为奋发图强的象征，故园中有五龙彩雕的"陛"，有雕龙戏水、龙头吐水、龙灯头放光等寓意园主的自信、自强与自立的意旨。而在山坡路的必经之处，又设置了一个孙中山手书的"天下为公"的字匾，显示园主对孙中山政治主张的景仰与崇拜，也是中华民国时期民主主义的时代反映，是园主留给其子孙后代永远铭记的人生理念。

1960～1980年，此园曾几度向公众开放。1974年，由李小龙主演的电影在此拍摄取景。现交恩光书院在此办学。

◆ 香港城市公园发展与转折

香港现代园林的发展以城市公园为主体。香港的公园于20世纪60～70年代进入高峰，到20世纪末又稍有下降，直到1997年香港回归祖国才进入了一个重要的转折期，即由西方或中西方合璧形式，转到出现了完全中国传统风格的公园——"寨城公园"和"岭南之风"，其中寨城公园已成为香港公园建设的里程碑。

澳门园林

中国澳门特别行政区历代的园林绿地。

◆ 概况

澳门特别行政区（简称澳门）位于中国南海岸，濒临珠海口，与香港隔海相望，北部与广东珠海市相连，而南部则是氹仔、路环和路氹城组成的大岛。2024 年上半年总人口为 68.7 万人，面积 33.3 平方千米，是世界人口密度最高的地区之一。

澳门地处亚热带地区，属海洋季风气候，年均降雨量 1996.6 毫米，年平均气温 22.6℃，冬短夏长。土地结构主要由平地、台地和丘陵组成，平均（包括填海造地）面积 23.8 平方千米，占总面积的 72.3%。花岗岩丘陵 6 平方千米，台地 1.2 平方千米，主要分布在澳门半岛上的岗顶，白鸽巢公园，螺丝山、氹仔岛南端、望厦观音堂后山等处，海拔高度 20 ~ 25 米，其他用地 1.9 平方千米，包括保护区用地、纪念物用地、保护林用地等。

澳门地区有维管束植物 1500 多种，植被类型主要有常绿阔叶林，还有针叶林、针阔叶混交林、常绿落叶混交林、灌丛及海岸灌草丛，常见栽培植物有朱槿、洋紫荆、黄槐、假地豆等，另外，还有苔藓植物 104 种。澳门地区有鸟类 300 多种。

经过特区政府、社团和市民的努力，澳门人均绿地22.9平方米，氹仔、路环等离岛人均绿地面积达到125.9平方米全澳门共有20多城市公园花园，4个郊野公园，3个自然湿地生态区，有24种不同类型的城市绿地，其中休闲游憩绿地分布最广，数量最多，占城市绿地总面积的53.5%，生态园林绿地占35.1%。

在狭小的土地上，星星点点的绿地，或写意的中式园林，或精致的葡式园林，构成了澳门园林绿化的特色。澳门居民从居住地出行150～200米就可见到小巧的绿化点。澳门政府总署公布了《澳门园林建设与绿地系统规划研究》，其目的在于确保澳门在经济快速发展的同时保护自然环境和宝贵的世界文化遗产，同时促使澳门努力实现城市资源有效整合，提高土地利用率，确保绿化地。

◆ **澳门主要公园**

得胜公园

位于士多纽拜斯大马路，占地面积1900平方米，早期被称为"懊悔者之园"，不久后改为"胜利之园""得胜前地"。1622年6月24日，澳门人民曾在此联合少数驻澳葡军，重创入侵的荷兰士兵，为纪念此事迹，葡人于1871年建碑纪念。该大理石石碑命名为"得胜纪念碑"。广场呈圆形，直径58米。花园北侧有一株古老的异叶南洋杉，胸径达78厘米，与其余3株异叶南洋杉整齐地分立于纪念碑四周，园内设有小型儿童游玩设施。在喧闹的市中心，得胜公园不失为一处令人呼吸新鲜空气的好场所。

望厦山公园

山上建有望厦炮台，坐落于澳门北部的望厦山，1866 年建成，现已建成望厦山公园，公园原址为一片茂密的天然树林，部分地方曾是防卫森严的军事设施和军营。因炮台军营曾为非洲裔葡兵营地，故俗称为黑鬼山公园。炮台于 1960 年停止使用，1974 年驻澳门葡军奉召回国。1979 年澳葡政府将军营改建成宾馆。1997 年 6 月，澳门市政厅开辟山径通道，将山区重新整理为望厦山公园，公园占地 21600 平方米。

螺丝山公园

位于澳门最清幽的地方，坐落于鲍斯高等学校对面的小山丘上，占地面积 9500 平方米，公园建于 1869 年，昔日地处城市边缘，是居民假日的郊游野餐。1986 年重新进行了修建并对外开放。公园里筑有两条环绕整座山丘的小径，可通往一个螺丝形的石山，中央建有一座螺丝形的人工瞭望台，公园的名称也因此而来，登高可远眺昔日的"黑沙环沙滩"及渔翁街一带景色。公园依山而筑，树木葱茏，在公园的每个地方皆置有乘凉座椅，其椅子之多为澳门公园之最，体现了人文关怀。螺丝山虽小，但因建园已 100 多年，故园内有很多古树，进入正门，就是几株巨大葱郁的刺桐，其中一棵胸径达 103 厘米，是澳门半岛最大的刺桐。园内古老的海南蒲桃、假菩提树、大香樟蔚然大观。多种多样的树木，将公园完全覆盖在浓郁之下，使公园显得特别宁静清幽。

白鸽巢公园

又称贾梅士公园，邻近圣安多尼教堂，坐落于白鸽巢前地，占地面积 21563 平方米，是澳门最大的公园。白鸽巢公园始建于 18 世纪中叶，是澳门历史最悠久的公园，园内小山环叠、古木参天、环境优美。原为葡萄牙富商俾利喇的花园别墅，其后由俾利喇家族成员马蔡士重掌。因马蔡士酷爱养鸽，时常可见成群的白鸽四处翱翔，所以被称为"白鸽巢"。

马蔡士欣赏葡萄牙诗人贾梅士相传贾梅士在公园石洞内完成著名的葡萄牙史诗《葡国魂》的一部分，故园内有一尊纪念此著名诗人的半身铜像。1885年，这座物业为当时澳门政府购买，改建成对外开放的公园。1920年，园内大宅改建为贾梅士博物馆。白鸽巢公园入口不远的喷水池中央，有一座名为《拥抱》的艺术雕塑，由女雕塑家韦绮莲于1996年制作。白鸽巢公园最高点眺望台建于1787年，由法国地理学家兼探险家方济亚公爵在其舰队停泊氹仔期间，为天文研究而建造。

白鸽巢公园，曾作为东印度公司收集植物用的苗圃，留存多种古树，因此是古树较多的绿地。古树种类有假菩提树、假柿。木姜子、海南蒲桃、翻白叶树、罗汉松、榕树等，正门广场的一株面包树，为澳门第一株母树。

白鸽巢公园所在的小山岗又名凤凰山，皆因自清代开始，山岗上便种有凤凰木，每年春夏，凤凰木花开，绯红吐艳，使整个公园尽显美色。

卢廉若公园

又称卢园或卢九花园，位于澳门罗利老马路10号，以19世纪华人富商卢华绍之子卢廉若命名，占地面积1.78公顷。该园原址为龙田村的农田菜地，清同治九年（1870），被富商卢华绍（卢九）购入作为私人花园，并由其长子卢廉若聘请香山人刘吉六设计，按苏州园林风格构筑园林，始建于 1904 年，1925 年建成，始名"娱园"。1912 年 5 月，孙中山先生应园主邀请下榻于园中的春草堂接见澳门中葡知名人士和革命人士。20 世纪 70 年代初期，卢华绍和卢廉若先后去世，家道衰落，1973 年澳门政府将卢园购入，经修葺后于 1974 年对大众开放。

卢园是港澳地区少见的具有江南园林风格的园林，幽雅婉约。从正门进入公园，是一座书写"屏山镜楼"四个大字的古色古香圆形拱门，入园后是长满翠竹的林荫小道，参天的榕树、成片的竹林、盛开的鲜花掩映着楼台亭阁，曲径回廊，池塘桥榭，红荷飞瀑，园内的假山奇峰怪石，玲珑剔透，涓涓流水从假山顶部跌落，形成五叠瀑布，注入假山下的水池，池边杨柳依，水明如镜。

全园以"春草堂"水榭为主景，通过堂前水池、曲径和各景点连成一体，梅亭房旁有百步回廊，可供老年人健身和举办展览。卢园的景色在澳门诸园中独树一帜，1992 年被评为澳门新八景之一。

加思栏花园

又称南湾花园，位于葡京酒店附近的加思栏兵营，故名加思栏花园。花园分为高低两部分，低部位于南湾街与家辣堂街之间，70 年前这两部分原是连成一片，外绕围栏，至 1928 年市政方将园地中部分辟作街道，才形成今貌。路树成行，花圃成片，小径回旋，高部再分两级，有石阶相连，依山而筑，园径迂回而上。花园高部在东望洋山麓，一片平地，建有颇为别致的圆柱形建筑物，高两层，为欧战纪念馆，纪念第一次世界大战中阵亡的葡国军士。花园旁边的八角亭图书馆，原为花园酒水部，现为中华总商会附设的书报阅览室，是澳门较具规模的大众书报室。

路凼城生态保护区

与珠海横琴岛隔水相望，澳门路凼莲花大桥附近，有一片绵延几公里的红树林，这就是路凼城生态保护区，占地 55 公顷。澳门的城中湿地虽然面积不大，但在这样一个人口密集，寸土寸金的小城，特区政府和居民对待生态保护却一丝不苟，非常珍惜。在周围酒店和高楼之间，这片湿地显得尤为珍贵。

澳门地处中国东南沿海，位于大陆和南海的水陆交接处，为东亚澳大利亚候鸟迁徙路线上的候鸟宝贵停歇地和越冬地，拥有丰富的鸟类资源，澳门市政署几乎每月一次到澳门的湿地、滩涂、山野调查点进行勘察，了解野生鸟类资源的变化情况。截至 2023 年底，澳门共有197 种鸟类，在众多鸟类中，约一半是候鸟，其中包括明显属世界濒危物种的黑脸琵鹭。

特区政府对路凼城生态保护区采取半封闭管理，对居民和游客定期开放，尤其注重生态保护宣传，每年举办绿化周，赠送绿色植物入户，定期举办专题植物展览、生态保护区参观等。在路凼城生态保护区，澳门市政署和中山大学合作开发红树林整株移植法获国家专利，加速了红树林的扩展生长速度。

台湾园林

台湾园林指关于中国台湾地区园林和公园的总述。

明代郑成功时期，众多遗民与文士随郑成功渡台，园林渐渐兴起。

台南市是明郑时期的权力核心，是台湾早期园林建筑的集中地区，有明宁靖王府的一元子园、郑经的北园别馆、陈永华的陈园、李茂春的梦蝶园等。清朝时期的台湾，除了陈园被荒废，其他园林大多借宗教建筑形式而存留下来，如一元子园转变成了大天后宫，北园别馆转变成了开元寺，梦蝶园转变成了法华寺。除此之外，台湾闻名遐迩的私家园林有台北圆山的太古巢、新竹的潜园与北郭园、板桥的林本源邸园、雾峰的莱园、台中的吴园、嘉义的省园等。

台湾保存下来的古迹以寺庙居多；而私家园林则因时代变迁，拆迁改建频繁而消失者居多。如今，明代郑成功时期的私家园林中，大天后宫和开元寺已难见昔日园林风采；法华寺大体维持梦蝶园的旧貌；而清代潜园、北郭园等已成黄土，仅剩林本源邸园、台中吴园、雾峰莱园。

台湾最早的公园莱园建于日据初期，在那以前台湾不存在公园的概念，所谓"庭园"是富豪所拥有的私家园林。1897 年，日本政府在台北圆山建立圆山公园并正式对外开放，是台湾第一座近代公园。台湾第二座公园是 1899 年成立的台北公园，也是台湾第一座模仿欧洲风格的城市公园。据安晓雯研究，日据时期台湾都市公园规划发展可分为四个时期：市区计划展开前期、市区计划前期、市区计划中期、都市计划时期等。

市区计划展开前期，以建立自然休闲的都市公园，配合自然景观与休闲游憩为主要目的，如圆山公园、北投公园、彰化公园、大溪公园、鼓山公园等。市区计划前期，以设计建立中心近代化公园与环绕道路绿地公园等西方近现代绿地景观设施为主。市区计划中期，以配合纵贯线铁道旅游，建设周边区域公园为主。如台南公园、台中公园、嘉义公园、新竹公园等。都市计划时期，以扩建都市公园系统，解决都市人口与土地需求不断扩张的问题为主，进行主要公路干道、公园道的建设及区域性大型公园的设置等，如 1932 年的"台北市区计划"。至 1934 年底，日本殖民统治下建立的中国台湾主要公园已达 23 个。

除了都市公园，1931 年台湾成立"阿里山国立公园协会""太鲁阁国立公园协会"。1933 年，台湾总督府引进国家公园的概念，引入日本《国立公园法》，建立"国立公园调查会"。1935 年，公布《国立公园法台湾施行令》，指定大屯山、次高太鲁阁和新高阿里山三处为国立公园。

战后中华民国政府时期，台湾的都市公园基本遵循着日据时期的规划展开。然而战后因政府的敌对意识形态，大量公园内原有的神社建筑、日人纪念碑等被拆除改建，被替换雕像、添加标语图腾等。同时，大量中国传统园林元素被加于公园内，进而加强另一种大中国意识形态。

20 世纪 80 年代以后，随着文化反思与多元化发展，以及日益紧张的生活环境、生态保护等问题，台湾公园逐渐转向专业的规划设计。台北市政府依照公园功能将都市公园分为自然公园、区域公园、综合公园、河滨公园、邻里公园。

台湾都市公园历经百余年的演变，对于公园所具有的功能与使用目的比较来看，在保有休闲游憩与保安卫生、防灾避难、集会活动等直接功能的基础上，因地制宜地以更多样的方式发展。台北市政府依照公园功能将都市公园分为自然公园、区域公园、综合公园、河滨公园、邻里公园以及天然公园（国家公园、森林公园、海滨公园等）、特殊公园（儿童公园、动植物园、纪念公园、运动公园、主题公园）等。

第**2**章

外国风景园林

外国风景园林类型

文艺复兴园林

文艺复兴园林指以意大利为中心，辐射到周边的国家和地区，最终形成特定的园林流派。

文艺复兴的园林具有狭义和广义之别。狭义而言，主要包括早期的文艺复兴（1300～1480）和盛期的文艺复兴（1480～1520）；广义而言，还包括手法主义（1520～1580）和巴洛克（1580～1750）。本条所解释的文艺复兴园林特指早期和盛期（1300～1520）。

文艺复兴园林兴造的起源和高潮以意大利为主要阵地，但其影响逐渐渗透到西班牙、葡萄牙、法国、德国、荷兰和英格兰地区，亦不可忽视，换言之，文艺复兴园林以意大利为中心，辐射到周边的国家和地区，最终形成特定的园林流派。

◆ 背景

文艺复兴是西方文化史中的转折点，尤其是相较于"黑暗"的中世纪而言，这段时期所兴起的人文主义思潮是西欧复兴希腊思想和文化的直接结果。尽管园林隶属于文化营造的范畴，但文艺复兴时期的园林同样受到各种复杂背景的综合性影响，比如历史背景、社会环境、经济贸易和哲学思想等。在历史方面，世俗君主与教皇的持续性斗争在一定程度上激发了思想自由；在社会层面，市民阶层的兴起为园林的建造提供了受众主体；在经济方面，美第奇家族迅速积累的财富能力直接促进了一种优雅的商业与家庭文明相互结合的艺术类型；在哲学思想的层面，人类重新成为宇宙的中心，理性主义再次构成文化思想的核心；在建筑的层面上，把柏拉图意义上的几何比例赋予建造物，以满足和谐的理想状态。

上述的背景之于文艺复兴园林的影响可体现在 5 个方面：①园林的宗教性和实用性主要转向世俗性，从精神的象征逐步转向视觉的凝视。②园林内部之间的各个空间构成特定的组合关系。③园林既是建筑的延伸，又是外围乡村景观的组成部分。④园林变成聚会、社交和沙龙的场所。⑤园林营造的目的是体现充满智识和理性的人的对应物，一种充满人文底蕴、古典精神和庄严气质的艺术品。

◆ 空间结构和造园要素

进一步而言，文艺复兴的空间结构和造园要素主要有 10 个内容：①一条或多条控制性的中心轴线。②建筑空间与园林空间之间具有连续性。③园林空间可分为若干个台地，且具有不同的标高。④园内通常包括一个剧场空间。⑤大量运用具有图像学意义的雕像。⑥常设带有壁龛的喷泉。⑦植被、绿篱、冬青通常被修建成几何状。⑧植被多是常绿类型。⑨花坛多是方形。⑩建筑的细部多通过凹凸线脚、突椽饰和带有弧度的栏杆构成。除此之外，园林中还有大量的凉亭、台阶、棚架和静水等。

◆ 园林实例

以代表实例而论，早期文艺复兴园林主要由佛罗伦萨的美第奇家族为建造者，主要包括卡雷吉庄园、卡法鸠罗庄园、菲耶索勒美地奇庄园、卡亚诺别墅、撒尔维亚提别墅等。盛期的文艺复兴园林主要包括玛达玛别墅、卡斯特罗的美第奇别墅、法尔耐斯府邸。

其他地区的园林实例，主要包括法国的佛朗西斯一世下令建造的枫丹白露宫和巴黎的卢森堡花园、苏兰格高地的埃兹尔城堡，还有位于海德堡的帕拉蒂尼、布拉格的瓦伦斯坦园、里斯本的佛隆特拉宫等。

手法主义园林

手法主义园林指盛期文艺复兴与巴洛克时期之间的过渡阶段，带有特定的反叛意味，尝试脱离静态的、完美的、平衡的、比例完美的文艺复兴理想，从而转向更加注重个人的独特性和自由性，有关惊讶、戏剧和新奇的情绪和感受成为时下追求的时髦。

准确把握手法主义所处于的过渡风格，是理解这种园林流派的关键之匙。

在空间结构和要素构成上，手法主义具有 3 个方面的主要特点：①大量纳入能够产生戏剧性的元素和造景，比如充满精巧和奇特机关的水景，以及为举办室外化装舞会和聚会而增设的各种让人感到新奇的戏剧性要素。②手法主义试图传递出一种运动和惊吓感，比如在大型的雕塑中运用异国风情的母题进行装饰。③手法主义园林在空间构成上具有明显的转变，林荫道虽然仍限制在园林的围墙之内，却得到明显的加强，且直接延伸到边界。但在总体上，该流派的园林仍然是一个手法化的、轻松的、热情洋溢的地方，是充满着娱乐、新奇和创造性的场所。

手法主义园林的代表作有波玛佐、埃斯特庄园、朗特别墅，这些别墅在平面构成、空间结构、轴线布置、装饰细节、水景筹划、雕塑的造型、植物经营以及背后的审美意识方面，都能集中体现手法主义园林的特点。

巴洛克园林

巴洛克园林是动态的、开放的时空综合体。

巴洛克园林的兴起由各种外部力量催发而成。首先，神学和教会内部持续发生动荡不安的改革和斗争，为巴洛克艺术提供了社会历史基础；其次，天文学和几何学等科学出现井喷式的跳跃，16～18世纪的现存秩序和信仰根基产生了巨大变化，人们逐渐认识到矛盾性、运动性、关联性才是人与宇宙之间的内在纽带；最后，在哲学和文化的层面上，从古典文艺复兴的有限性过渡到一种无限性的维度，极大程度上刺激着人类意识的想象力，且激发着无限的运动感。因此，从空间结构而言，几何式的轴线被广泛运用到园林的布局中，既有单轴线，又包括纵向和横向相互交叉的轴线网络，还涉及各种放射性轴线和视角轴线等。基本的园林要素有林荫道、运河、花坛、绿墙、位于轴线上的建筑、喷泉等各种视角焦点、充满魔幻和运动感的雕塑、具有无限性的空间灭点，还有各式各样的洞穴。概括而言，巴洛克园林的特点可以归结为动态的、开放的时空综合体，充满着永恒性和动态于一体的水景以及似乎要冲出园林边界的林荫道向着无尽的宇宙奋力地延伸着，巴洛克的园林处处充满着戏剧性。

这一时期的园林代表有意大利的阿尔多布兰迪尼庄园、加佐尼别墅、伊索拉·贝拉庄园、佛罗伦萨彼堤宫中的波波里花园；法国的维贡府邸、凡尔赛宫苑等。

洛可可园林

洛可可园林指具有洛可可风格的园林，较巴洛克园林布局更加复杂，分区更加丰富，细节更加繁杂和奢华。

"Rococo"由法语"Rocaille"（贝壳工艺）和意大利语"Barocco"（巴洛克）合并而来，洛可可艺术诞生于18世纪的法国。在那段时期，君主的专制主义的逐步式微，以及对于盛起巴洛克艺术的激情消退，然后洛可可的风格随后便席卷欧洲各国，同时渗透到建筑、绘画、雕塑、家具和音乐等各个领域中。从严格意义上而言，洛可可风格是巴洛克风格晚期的产物，一种更加明快、愉悦的纯粹装饰艺术，具有轻快、细腻、精致、轻柔、烦琐的特点。

与盛期巴洛克相比，洛可可园林的空间轴线更少，但整个布局更加复杂，分区更加丰富，细节更加繁杂和奢华。从社会的角度上看，洛可可园林的功能更加偏向于满足社交娱乐活动，例如用罗马废墟式剧场上演室外歌剧，带有洛可可雕塑和其他轻松细节的花园房间等，因此，园主人更倾向于美学主义而非禁欲主义，更希望通过各种精美且繁复装饰来点缀园林的空间。鉴于其与巴洛克园林之间存在的千丝万缕的联系，故而，在很大程度上，似乎很难准确指出哪个园林完全属于洛可可式的，但是这种风格却在造园史中占据着重要的地位。

尤其值得注意的是，尽管中国风与洛可可艺术风格的兴起之间的必然关系仍须进一步的史料支撑，但中国风的西渐无疑在很大程度上促进欧洲逐步迈向洛可可的审美品位。洛可可风格在艺术史和园林史中长期处于被忽视的地位，但其独特的艺术风格和内在品质应当引起学者的进一步探索。

英国自然风致园林

英国自然风致园林指 18 世纪出现于欧洲的一种遵从自然风景的园林形式。

◆ 沿革

英国自然风致园林开始是以风景画为造园的蓝本，将过去皇家或贵族的规则式园林进行改造，尽可能避免与自然产生冲突，将整形的台地、林荫道、树丛和水池加以改造，采用弯曲的园路、自然的树丛和草地、蜿蜒的河流，在府邸附近形成大片开阔的疏林草地，园林外的自然或田园风光延伸到府邸，从而形成与自然相互融合的园林空间。同时引入画作中想象的模仿古希腊、古罗马庙宇的点缀性构筑物，形成园林的人文主题。从 18 世纪初期到 19 世纪中期，自然风致园的发展大致可以分为不规则造园时期、自然式风景园时期、牧场式风景园时期、绘画式风景园时期和园艺式风景园时期。英国风致式园林包括查茨沃斯庄园、布伦海姆宫、斯托海德园、斯托园等。

英国西北部多低山高原，东南部为平原，这里全年温和湿润，四季寒暑变化不大，属于温带海洋性气候。14 世纪黑

布伦海姆宫

死病后，英国的农业结构采用牧草与农作物轮作制，影响了乡村景观的风貌，16 世纪所颁布的禁止砍伐森林的法令在一定程度上保护了国土上的森林景观。被视为自然式造园预言家的英国哲学家 F. 培根在《随笔集》中的庭院条目中所描绘的理想庭院表现出自然原野的情趣。英国清教徒诗人 J. 弥尔顿在《失乐园》一书中用美丽的自然风光形容伊甸园。法国风景画家 N. 普桑、C. 洛兰，英国风景画家 R. 威尔逊等人用画笔描绘的自然景色激发了人们对于自然美的憧憬。绘画与文学两种艺术引发

人们对自然的尊重与向往,为 18 世纪英国自然风致园林的出现奠定了基础。另外,这一时期对于中国园林的赞美和憧憬,在一定程度上促进了英国自然风致园林的形成。英国政治外交家 R.G. 坦普尔伯爵在 1685 年出版的《论伊壁鸠鲁的花园》中表示,中国园林创造了一种无秩序的美,从而形成了一种悦目的风景。英国沙夫茨伯里伯爵三世认为人们崇爱未经过人手玷污的自然,相较于规则式园林,自然景观更美,这种自然观与思想是英国造园新思潮的重要支柱。到了 18 世纪,英国 J. 艾迪生和 A. 蒲柏成为风致式园林造园运动的先驱,艾迪生在其随笔作品《论庭院的快乐》中极力推崇自然生长的树木,他在欧洲大陆旅行期间,详细记录了英国庭院与意大利、法国庭院的相驳之处,并从后者悟出了更有价值的艺术真谛,其庭院思想引发了世人瞩目。蒲柏则在随笔《论绿色雕塑》中对造型植物进行了深刻的批判,更加赞美自然式造园。

◆ **代表性造园师**

真正进行自然式造园实践的是英国 C. 布里奇曼,他首次在园林设计中应用非行列式、不对称的树木种植方式,放弃了长期流行的植物雕刻,并创造了设计手法"隐垣"(Ha-ha)。隐垣是环绕园林的宽壕深沟,代替了围绕花园的高大围墙,除了界定园林的范围以防止牲畜进入园林,还使园林的视野得到了前所未有的扩大。他的作品是规则式和自然式之间过渡状态的代表,被称为"不规则化园林"。

英国 W. 肯特是第一位真正摆脱规则式园林的造园家,他坚守"自然是厌恶直线的"造园思想,将布里奇曼的直线形"隐垣"改为曲线,将几何形的水池轮廓改为自然式，摈弃了绿篱和笔直的园路、行道树，而多采用孤植树和树丛，并采用群落式的种植方式。

肯特的学生英国"万能"L. 布朗被称为"景观的改造者"，他进一步发展了风景造园，去掉自然中不美的元素，铲平过于陡峭的地形，去掉围墙，拆掉规则式台层，恢复了天然的缓坡草地，将规则式水池、水渠恢复为自然湖，园路设计为平缓的蛇形，按照自然的式样布置草地、孤植树和树丛。

但布朗不计场地原貌的大刀阔斧的造园方式引来英国画家 W. 吉尔平、英国普莱斯爵士以及英国 W. 钱伯斯的反对，他们认为布朗不尊重历史遗产，不顾及人们的情感。

钱伯斯崇尚源于自然、高于自然的中国园林，他自认为是中国园林的专家，曾于 1744 年和 1748 年两次到访中国。他开创了"如画的"风景园风格，引入异国风光，在邱园实施了他的中国化园林，将英国自然风致园林的发展推向奇特和荒诞的极致，也导致随后的英国造园学界出现了"自然派"和"绘画派"的争论，并形成了英中式园林。

18 世纪后期英国造园师 H. 雷普顿是布朗指定的工作接班人，他在《红书》中采用折叠式的翻页，绘画出待改造的场景与改造后的场景。这本书也成为 18 世纪上流政治社会的标志。雷普顿认为自然式园林应该尽量避免直线，但也反对无目的、任意弯曲的线条。他并不像布朗那样排斥一切直线，而是主张在建筑附近保留平台、栏杆、台阶、规则式花坛以及通向建筑的直线式林荫路。在种植方面，他采用散点式来布置树丛，并强调树丛应该有不同树龄树木、树种组成。

英国风致式园林借助自然的形式美加深了人们对自然的喜爱之情，并促使人们以新的视角重新审视人和自然的关系。其造园理论改变了欧洲由规则式园林统治的长达千年的历史，也影响了现代城市规划理论的发展。

英中式花园

英中式花园指 18 世纪下半叶，在欧洲尤其是法国掀起的借鉴英国自然式造园手法，同时又受中国古典园林影响而装饰各种"中国式"构筑物的绘画式园林。

◆ 沿革

18 世纪初期，自然主义思想开始替代古典主义思想在法国兴起，绝对的君权主义开始衰落，法国当时的统治者路易十五带领贵族进行了浪漫主义运动，并随着海外贸易与军事扩张的发展所带来的异域文化的传播，在法国产生了洛可可风格，这种风格主要表现在对装饰物的推崇与对异国情调的浓厚兴趣上。虽然勒诺特式园林还在法国人心目中有不可动摇的影响力，但这些设计原则并不适用于尺度局促的花园规模，因此，洛可可风格逐渐成为园林造园的风格首选。

同期，风景画家们突破古典主义绘画对于题材的限制，开始表现愉快的自然景色和田园风光，而 18 世纪的启蒙运动也传播到法国，在这样的背景下，英国自然风致园林的造园理论和作品也介绍到了法国。法国哲学界 J.-J. 卢梭发表的小说《新爱洛绮丝》极大地轰击了法国古典主义园林艺术，为英国自然风致园林造园理论的传播奠定了良好的基础。除此之外，法国哲学家 D. 狄德罗等人也通过著作等表达了对于自然的推崇，1743 年法国基督教会艺术家 J.D. 阿蒂雷出版了一本介绍中国园林的书，带来了不规则的中国自然式风格园林的流行。1787 年，G. 勒鲁日出版了 21 本题为《中英园林的模式细节》的版画，提出了"英中式园林"的概念并为大家所知，再加上钱伯斯的鼓吹，在 18 世纪后期法国逐渐形成了浪漫主义的英中式园林。

◆ **特征**

法国的英中式园林主要展现自然荒野和带有村落景致的田园风光，如深山峡谷、荒原沙漠、草原林地等。园林布局简洁，多在密林、湖泊带构成的园林空间中，以建筑作为视觉焦点，点缀模仿自然形态的假山、叠石和岩洞，并设计曲折迂回的园路和河流，穿行于树林中。同时，受到钱伯斯《东方造园论》的影响，法国园林开始掀起"中国热"，大量理解粗浅的"中国式"建筑物被符号化地滥用，如中国的塔、

邱园中的中国塔

埃姆斯伯里宫的"中国亭"、沃邦修道院的"中国乳品厂"等，这些构筑物遭到后人指责并随着社会的变迁基本损毁殆尽。此外，在欧洲其他国家也有英中式园林的营建，还出版了一些设计资料书籍，如法国 G. 勒鲁氏的《英中式园林》、法国 P. 庞瑟龙的《园林汇编》等。

英中式园林有埃默农维尔林园、小特里阿农园、麦莱维勒林花园、莱兹荒漠林园等。

然而随着法国资产阶级大革命的爆发及拿破仑战争带来的新思潮，到 18 世纪末，英中式园林这种追求新异的造园风格因为装饰物的滥用而为人所诟病批判，不再流行。

外国风景园林实例

古埃及园林

古埃及园林指埃及从公元前 2700 年前的古王国时期开始出现的园林。

埃及位于非洲大陆东北角，属于热带沙漠气候，其气候特点对于古埃及园林的形成及特色影响显著，表现为埃及人对树木的崇敬和对水的作用的珍视。

壁画和挖掘出来的墓穴可以找到古埃及人园林设计和园艺活动的证据。早在古王国时期，第四王朝第一位法老斯奈夫鲁（公元前 2575～前 2551）时期的贵族梅腾的墓室内绘制了古埃及园林的雏形，即位于尼罗河三角洲一带，面积较小，空间封闭，有精心布置的灌溉系统并种植果木和葡萄的实用果园或菜园，生产葡萄酒、水果、蔬菜以及纸莎草。新王朝时期，根据留传下来的文字、壁画和雕刻可以了解到这一时期的埃及开始出现属于法老们的游乐性园林，起初园林内只种植埃及榕、棕榈等乡土树种，后引进黄槐、石榴和无花果等，也有芦苇花和睡莲等水生植物。

古埃及园林从分类上大致有宅园、宫苑、圣苑和墓园 4 种类型。

◆ 宅园

宅园即一些王公贵族在宅邸附近设置的封闭庭院，在第十八王朝时期，建造宅园成为热潮。宅园一般地形平展，场地呈现方形或矩形，采用几何式构图，设置娱乐性的水池，四周种植树木花草，设置亭台廊架。阿蒙霍特普三世（约公元前 1387 ～前 1350）时期，在奈巴蒙墓穴中，壁画碎片中描绘的奈巴蒙花园即为典型的宅园。矩形的水池位于奈巴蒙花园中心，水池种植芦苇和睡莲，养有鱼、水鸟和埃及鹅。在园林四周，行列式对称种植椰枣、石榴、无花果等果树，壁画右上角是女佣在角落的小桌上摆放着果篮和酒壶，此时的宅园俨然有了游憩的功能。

阿蒙霍特普四世（约公元前 1350 ～前 1333）时期起，私家宅园已经成为时尚，在阿蒙霍特普三世统治时代的底比斯一座坟墓的墓室画作显示，这一时期的宅园采用对称布局的几何构图，用灌溉水渠划分园林空间，一些庭院也会用矮墙来分割空间，庭院内有凉亭和长方形的水池，水池中种植荷花和纸莎草等水生植物，并养着水鸟和鱼类，四周行列式种植有椰枣、埃及榕等行道树，布置葡萄园、苹果园等。这一时期的庭院也从地中海引进一批树种，包括悬铃木、栎树、油橄榄、樱桃、桃树等，庭院借助水体和树木形成湿润阴凉的小气候环境。庭院内布置着娱乐性的园亭和廊架。

◆ 宫苑

宫苑即法老拥有的庄园。其布局与达官贵人的宅园相似，但规模和装饰物方面则显示着皇家权利和地位。宫苑形式以底比斯的法老宫苑为代表，宫苑为正方形，四周有高达的院墙，主出入口塔门位于南侧，顺着两侧布置行道树和圣物雕像的甬道进入一个放置两座方尖碑的小广场。广场后即为中央住宅，住宅后为大水池，水池两端设置人工瀑布与游船码头，可以供法老游船泛舟。水池的池壁铺砌岩石，池内种植水生植物，养有水鸟和鱼。住宅两侧用栅栏和树列划分空间，从而形成数个尺度宜人的"园中园"。宫苑内规则式种植有椰枣、埃及榕、棕榈等庭院树，也有苹果、樱桃、无花果、石榴等果树。凉亭、廊架和花台是必不可少的设施。

◆ 圣苑

圣苑是附属于神庙建筑群周围的林地。由于埃及的法老信奉神祇，因此大兴土木兴建宏伟的神庙，同时，他们认为树木是神祇的祭品。神庙仅限于祭司和法老使用，在部分节日如开堤节、河谷节等可能允许部分公众进入。神庙由石材作为建筑材料，其他建筑则为泥砌建筑，神庙内部不种植树木，但以林荫树与其他建筑相连，整个建筑群内布置有圣湖、水池、神像、宫殿、圣殿、花园和蔬菜园。周围的圣苑采用几何构图，大多采用轴线，成行种植树木如埃及榕、棕榈等乡土植物，甚至引种珍贵的林木以表达对神灵的尊崇。中王国及新王国时期，位于首都底比斯的卡纳克神庙还开挖了大型水池，用花岗岩或斑岩砌筑驳岸，水中种植芦苇、睡莲甚至放养鳄鱼。例如哈特舍普苏特女王祭祀阿蒙神的巴哈里神庙。

埃及卡纳克神庙

◆ 墓园

法老和贵族为自己建造了巨大显赫的陵墓，在墓室内雕刻反映园林的石刻和壁画，并在周围建造了户外游乐场地，以作为灵魂安息的场所，由此诞生了墓园以及庭院葬礼的风俗。墓园也称为灵园或庭园，范围狭小，多设置有水池，周围成行种几棵植椰枣、棕榈、无花果等树木，布置有小花坛。在壁画中，人们并排站在墓园水池边，安放着遗体的船只在水中漫游。西方人墓园的产生以及布局特点或许受到了古埃及人墓园的影响。

古希腊园林

古希腊园林指公元前 10 世纪开始，在古希腊地区分布的园林。

古希腊的范围不仅限于希腊半岛，还包括地中海东部爱琴海一带的岛屿和小亚细亚西部的沿海地区。古希腊的神话、体育活动、艺术、哲学、数学等对古希腊园林产生了深远的影响。根据公元前 10 世纪前后的文学作品，希腊贵族已经开始营造实用功能的花园。公元前 6 世纪，希腊开始有一些迷人的花园，公元前 6 世纪到前 5 世纪，希腊在希波战争中大获全胜从而步入鼎盛时代，兴建园林，开始由实用功能的园林过渡为装饰性和娱乐性的园林。公元前 5 世纪至前 4 世纪，旅行者从波斯带回的植物标本和对乐园的描述大大影响了希腊人对于私家宅园的建设，人们在私家花园中种植葡萄、柳树和柏树等，并用花木如月季、夹竹桃等布置成花圃做装饰。古希腊的园林与人们的生活习惯紧密结合，并且属于建筑整体的一部分，因此园林采用规则式布局与建筑相协调。希腊的花园里设置有神龛甚至逐步形成屋顶花园的形式，常见供奉的神灵是丰产和植物死而复生之神阿多尼斯。一些学者开辟了讲学的园地，称为"学园"。在古希腊的园林中最受欢迎的植物是蔷薇，除此之外，常见的植物包括桃金娘、山茶、百合、紫罗兰、三色堇、石竹、勿忘我、芍药、向日葵、鸢尾、水仙、飞燕草等。

古希腊园林按照类型可以分为宫廷庭院、宅园、公共园林。按照形式可以分为柱廊园、屋顶花园、圣林和竞技场等。

◆ 宫廷庭院

古希腊克里特文化与迈锡尼文化的宫殿不同，属于和平时代的克里特时期的宫殿是开敞的独栋府邸，迷宫是克里特岛上重要的宗教综合工程。而战火连绵的迈锡尼时期则是封闭的城寨式宫殿，各种庭院围绕宫殿布置，并向中心庭院，如《荷马史诗·奥德赛》中描述了阿尔克诺尔斯王的宫殿，是一个种植果木与蔬菜为主要目的的实用园。它有一个用绿篱做围墙的庭院，里面种植梨树、石榴、苹果、无花果、橄榄、葡萄等果木。园内有两个喷泉用来增加一定的装饰性和娱乐性，一个喷泉的水流向四周，一个则穿过庭院流向宫殿作为饮水补给。

古希腊米诺斯文明王宫复原图（局部）

◆ **宅园**

希腊的宅园有柱廊园和屋顶花园两种形式。公元前 5 世纪，波希战争结束后，获胜的希腊人开始追求生活上的享受，兴建园林，并由实用性园林向装饰性和游乐性的花园过渡。住宅多采用四合院式的布局，一面为厅，两面为住房。厅前及另一侧设置有柱廊，中部为中庭，后逐渐发展为四面环绕柱廊的庭院，成为希腊人日常起居的中心。庭园中布置有陶制雕像、盆栽和大理石喷泉。随着生活水平的提高，花卉栽培开始盛行，庭园中有葡萄、柳树、柏树等，花卉被布置成为花圃，种植有蔷薇、三色堇、荷兰芹、罂粟、百合、风信子、番红花等。这一时期的屋顶花园又称为阿多尼斯园，它起源于阿多尼斯的神话。每到春季，屋顶上树立阿多尼斯的雕像，周围堆放土堆，种植有莴苣、茴香、大麦、小麦等。

◆ **公共园林**

由于民主思想发达，希腊也出现了民众均可享用的公共园林，主要有圣林、竞技场和文人园。

圣林

神庙周围的草地、树林、生产用地和供野餐狩猎的小山丘被称为圣林。由于神庙内部狭窄，因此祭祀活动多在圣林举办，圣林逐渐被当作宗教活动的主要场所。圣林中多采用冠大荫浓的树木，如棕榈、槲栎和悬铃木等，后逐渐注重观赏效果开始种植果树，如月桂树等。圣林中也常布置散步道、柱廊、凉亭和座椅，以供祭祀活动结束后人们休憩活动。

竞技场

当时的战乱频繁推动了希腊体育运动的发展，竞技场纷纷被建立。最初的竞技场是仅供训练用的裸露地面，后在周围种植悬铃木形成树荫，并布置祭坛、亭、柱廊和座椅等设施，逐渐向公众开放，成为人们散步集会的场所。这类运动场一般与神庙结合，并常建设在山坡上，利用地形布置观众看台。

文人园

古希腊哲学家常常在露天公园公开讲学，后来学者们开辟了自己的学园，园内有供人散步的林荫道，种植有悬铃木、榆树等，设置爬满攀缘植物的凉亭，同时布置神殿、

《雅典学派》中的公开讲学

祭坛、座椅以及纪念杰出公民的纪念碑、雕像等。

希腊园林不断发展出不同的类型与形式，成为后世欧洲园林的雏形，如柱廊式样的住宅庭院被罗马帝国继承发展，对欧洲中世纪的修道院园林有了显著的影响，而屋顶花园的祭祀活动则一直保留到古罗马时代，后世西方园林中雕塑周围配置花坛的习惯或来源于此。竞技场成为后世欧洲体育公园的前身。伊壁鸠鲁（公元前341～前270）把自己的花园向公众开放，开创了西方公共园林的先河，而学园和文人园则影响了后世欧洲高等学府的校园建设。数学和几何学对园林的比例、秩序与布局的影响，致使希腊园林成为后世西方规则式园林的基础。

古罗马园林

古岁马园林兴起于公元前2世纪，分布于古罗马帝国整个领域的园林。

古罗马位于现意大利中部的台伯河下游地区。多丘陵，冬季温暖、夏季闷热。罗马文明是西方文明史的开端，早期罗马人对艺术科学少涉猎。罗马人最初的园林为实用功能的果园和菜园，种植香料、调料植物、苹果、油橄榄、葡萄等。公元前2世纪末，古罗马人征服希腊后全盘接受希腊文化，并继承和发展了古希腊园林艺术，除此之外，也吸收了古埃及和西亚等国家的造园手法。

公元79年，维斯威火山喷发，导致大量罗马城市和园林被吞没。根据考古发掘，古罗马园林主要有城市中的宫苑、住宅庭院和公共园林，以及郊野的别墅庄园。从类型上，古罗马园林可以分为庄园、柱廊园和公共园林。

◆ 宫苑

古罗马帝王贵族大兴土木建造园林，促使郊外建造别墅庄园之风盛行。根据罗马史学家 T. 李维（公元前 59～公元 17）记述，国王 L.T. 苏培布斯（？～公元前 496）的宫苑花园是罗马建造最早的园林，花园与宫殿相连，布置有百合、罂粟和蔷薇，以实用功能为主。

共和制后期，帝王贵族将自己的庄园建设在距离罗马城不远的蒂沃利，这些宫苑庄园为文艺复兴时期意大利台地园的形成奠定了基础。只有罗马皇帝建造的哈德良庄园还留有较多的遗迹。

哈德良庄园

◆ 住宅庭院

古罗马宅园通常由三进院落构成，前庭院用于迎客，通常有着简单的屋顶，列柱廊中庭和露台花园则供家庭成员活动。中庭中有水池、水渠，水渠上架设有小桥，木本植物种植在陶盆或者石盆中，草本植物则种植在方形花池或者花坛中。院落与院落之间一般有过渡的空间。例如潘萨住宅、维蒂住宅、弗洛尔住宅等。

◆ 公共园林

古罗马人的公共园林有竞技场、集会广场、浴场园林、露天剧场等。

他们继承了希腊的竞技场，但并无竞技目的。竞技场多呈现椭圆形或者一端为半圆形，为有小路的草地，有的场地上还设置有月季花园和几何形的花坛，场地边缘为宽阔的散步道，路边种植悬铃木、月桂等。除此之外，罗马第一代皇帝 G.O. 奥古斯都（公元前 63 ～公元 14）对城市进行了分区规划，并在公共建筑前布置了集会广场，这里成为公众进行社交活动与艺术展览的地方。古罗马的公共浴场附近设置有相应的室外花园。古罗马的剧场外也设置有休息的绿地，有一些露天剧场利用山坡的选址提供给人天然的观众席。

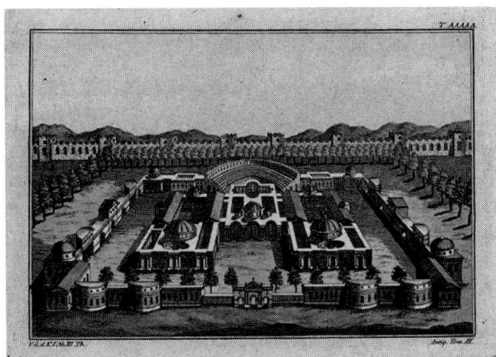

罗马的戴克里先浴场

◆ **别墅庄园**

早期罗马城的园林多建设在城市外部或者近郊，即成为别墅庄园。别墅园林发展于 L.C. 苏拉时期。罗马人选址在视线良好的山坡或者海岸边，山坡上造花园常常将场地开辟为数个台层，他们将花园视作建筑的延续，因此规划设计上将自然坡地整合成为规则式布局的台层。这些庄园有生活起居的别墅建筑，也有宽敞的园地，包含花园、果园和菜园。花园按照功能可以提供散步、骑马和狩猎等。园内有水池、水渠和喷泉等整形水体，有直线和放射线的园路，两侧行列式种植行道树如悬铃木、白杨、山毛榉、梧桐、槭树、丝杉等，月季、夹竹桃、石榴等被种植在几何式的花坛中，花池里种植着番红花、晚香玉、风信子、翠菊等，修剪整齐的装饰性绿篱采用黄杨、月桂。骑马的花园以绿篱围绕宽阔的林荫道布置，狩猎的花园则用高墙围绕大片林地，并放养狩猎的动物。古罗马园林创造了绿色雕塑，即将植物修剪成为文字、图案甚至复杂的动物和人的形象，常用的有黄杨、紫杉和柏树。此外还兴建呈现圆形、方形等级和形状，内部有复杂的小路，以绿篱作为围墙的"迷园"和专类园，如蔷薇园、杜鹃园和鸢尾园。别墅庄园有洛朗丹别墅庄园、托斯卡纳庄园。

伊斯兰园林

伊斯兰园林是世界三大园林体系之一。一种模拟伊斯兰教天国的高度人工化、几何化的园林艺术形式。

伊斯兰园林被后人称为世界园林史上最沉静而内敛的园林。它起源于人们对于天国仙境的向往与企盼，是古阿拉伯人在吸收古西亚园林和波斯园林艺术的基础上创造而成。伊斯兰园林以《古兰经》中所描绘的天国的气候、四条河流、喷泉、树荫和果树作为设计的原型。园林中的建筑受到地域、气候及本土文化的影响而多呈现为中庭形式，中庭多为四分园形式，具有"十"字形结构的水渠，隐喻天国中的河流，分别象征水河、酒河、乳河和蜜河。伊斯兰的地毯设计与其园林的发展同时俱进，庭院地毯的图案通常设计成为四分园的图案，"十"字形交叉的水渠将园林分为四块，中央为喷泉。花园植物被赋予象征意义，绿荫树代表《古兰经》中的土巴树，柏树象征死亡与永恒，果树象征生命与丰收。

伊斯兰园林根据其发展脉络又可分为波斯伊斯兰园林、西班牙伊斯兰园林、印度伊斯兰园林（包括巴基斯坦、克什米尔地区）和其他地区伊斯兰园林。

◆ 波斯伊斯兰园林

早期的波斯伊斯兰园林中设置水渠，水渠每隔一段设置一个方形水池，安排可以眺望景色的露台。亚历山大大帝（公元前 356～前 323）征服波斯后，在潘萨思的统治下，波斯帝国开始伊斯兰化，园林也随之出现四分园，园林中以沟、渠进行灌溉，从而形成"十"字形水渠的水景形式。其次，拜火教中认为的天国形象深刻影响波斯园林的装饰，庭院中大量栽植果树，装饰花木，设置凉亭。较小面积的庭院多为矩形，高于庭院地面的园路将园林划分为规则几何的地毯式布局；较大面积的庭院则由几个小庭院连接而成，如地处山地，则多采用台地连接露台的方式。波斯人爱在庭院种植庭院树以获得领地感，并且防御外敌。建筑装饰上多采用彩色陶瓷马赛克。波斯伊斯兰园林有四十柱宫庭院、费恩花园等。

◆ 西班牙伊斯兰园林

西班牙伊斯兰园林在摩尔人占领西班牙后开始伊斯兰化，征服者阿拉伯人接触到的大量伊比利亚和罗马的遗迹，从而融汇了罗马、波斯甚至是西亚艺术文化，最终形成了具有多样趣味、内外空间相互交织的西班牙伊斯兰风格。受罗马人影响，花园多建设于山坡上形成台地园，并将伊斯兰"天园"式的园林与罗马柱廊式庭院结合，形成关注内部空间的西班牙阿拉伯式住宅和花园，建筑多用雕饰精美的马蹄形双拱，由许多对称排列的柱子支撑，围合出内向的庭院，庭院中轴设计各种水景。

但由于摩尔人在西班牙建造的伊斯兰园林大多在战乱中被毁坏，幸存至今的不多。西班牙伊斯兰园林有阿尔罕布拉宫、格内拉里弗花园和阿尔卡扎宫。

阿尔罕布拉宫

◆ 印度伊斯兰园林

印度伊斯兰园林又称为莫卧儿园林。14 世纪 60 年代起，帖木儿（1336～1405）将领地从地中海拓宽到印度，对于中亚的征服使莫卧儿帝国迅速发展。帖木儿的后代巴布尔（1483～1530）在阿富汗境内的喀布尔建造了大量花园，这些花园采用经典伊斯兰造园形式，巴布尔建造的忠诚花园显示着这些特征：用围墙围合，中间为"十"字形水渠划分出四分园，其上有宫殿或凉亭等建筑，布置葡萄园、果园和花园。印度伊斯兰园林主要以陵园和游乐园为主，陵园位于印度的平原上，通常建造于国王生前。国王死后，其中心位置作为陵墓场址并向公众开放，如泰姬陵。游乐园主要位于克什米尔等依山靠湖的地区和土耳其宫殿中，庭院

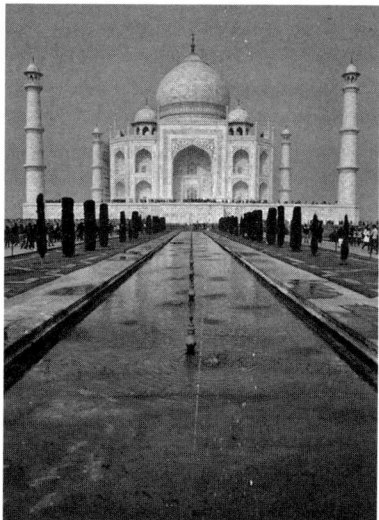

印度泰姬陵

中多采用跌水或喷泉的形式，如位于克什米尔的夏利马尔花园、位于拉合尔的夏利马尔花园和穆罕默德二世（1432～1481）的托卡皮·萨里宫殿庭院。

意大利园林

意大利园林通常以 15 世纪中叶到 17 世纪中叶，即以文艺复兴时期和巴洛克时期的意大利园林为代表。

意大利的台地园被认为是欧洲园林体系的鼻祖，对西方古典园林风格的形成起到重要的作用。意大利园林一般附属于郊外别墅，与别墅一起由建筑师设计，布局统一，但别墅不起统率作用。它继承了古罗马花园的特点，采用规则式布局。园林分两部分，紧挨着主要建筑物的部分是花园，花园之外是林园。意大利境内多丘陵，花园别墅造在斜坡上，花园顺地形分成几层台地，在台地上按中轴线对称布置几何形的水池和用黄杨或柏树组成花纹图案的剪树植坛，很少用花。意大利园林重视水的处理，借地形修渠道将山泉水引下，层层下跌，叮咚作响，或用管道引水到平台上，因水压形成喷泉，跌水和喷泉是花园里很活跃的景观。外围的林园是天然景色，树木茂密。别墅的主建筑物通常在较高或最高层的台地上，可以俯瞰全园景色和观赏四周的自然风光。意大利园林常被称为"台地园"。

意大利文艺复兴园林经历了初期的发展、中期的鼎盛和末期的衰落 3 个阶段，折射出文艺复兴运动在园林艺术领域从兴起到衰落的全过程。

◆ **发展初期**

文艺复兴时期随着人文主义的发展，自然美受到重视。城市里的豪富和贵族恢复了古罗马的传统，到乡间建造园林别墅居住，很快便出现了新的园林建设热潮。佛罗伦萨附近费索勒的美第奇别墅（1458～1461）是比较早的一座。它依山坡辟两层东西狭长的台地，上层植树丛，主建筑物建造在它西端，下层正中是圆形水池，左右有图案式剪树植坛。两层台地之间高差很大，因而造了一条联系过渡用的很窄的台地，以绿廊覆盖。这座园林风格很简朴，虽有中轴线而不强调，主建筑物不起统率作用。16世纪上半叶在罗马品巧山建造的另一所美第奇别墅，园林的风格也很简朴，以方块树丛和植坛为主。在两层台地间的挡土墙上筑很深的壁龛，安置雕像。上层台地的一端有土丘，可远眺城外的野景。主建筑物也造在台地的一侧。这时期在别墅花园建造的热潮影响下，造园理论研究也逐渐兴起。建筑师和建筑理论家L.B.阿尔伯蒂于1452年完成了《建筑十书》，对庭园建造进行了系统的论述。阿尔伯蒂强调造园的选址，以及比例和尺度的适宜，他认为，庄园应建于可控制佳景的山坡上，建筑与园林应形成一个整体。他提倡的以常绿灌木修剪成篱围绕草地，被称为"植坛"的做法，在意大利园林和后来的规则式园林中十分普遍。

◆ **全盛时期**

16世纪中叶是意大利园林的全盛时期，意大利庄园的建造以罗马为中心。这时期普遍以整个园林作统一的构图，突出轴线和整齐的格局，别墅渐起统率作用。基本的造园要素是石作、树木和水。石作包括台阶、栏杆、挡土墙、道路以及和水结合的池、泉、渠等，还有大量的雕像。树木以常绿树为主，经过修剪，形成绿墙、绿廊等。台地上布满一方方由黄杨或柏树构成图案的植坛。花园里常有自然形态的小树丛，与外围的树林相呼应。水以流动的为主，都与石作结合，成为建筑化的水景，如喷泉、壁泉、溢流、瀑布、叠落等。注意光影的对比，运用水的闪烁和水中倒影。也有意利用流水的声音作为造园题材。这个时期比较著名的有法尔奈斯、埃斯特、兰特三大庄园。在这个时期的艺术发展史上，风格主义的设计思潮在意大利兴起，其特点是自如运用古典元素和视幻效果，构图偏于非理性或赋予戏剧性。风格主义在建筑上最经典的作品是米开朗琪罗在佛罗伦萨建造的洛伦佐图书馆。但是风格主义在这个时期园林艺术中表现较为低调，主要体现为在园林中运用机械装置来引起奇异和惊恐的心理。花园都有高大的围墙，沿墙布置这壁龛和雕像、岩洞和喷泉、流水的洞府。水景在园中起到巨大的作用，各种水景、水技巧、水游戏、水装置等令人应接不暇。同时，还利用水力使机械装置运转。风格主义在园林艺术中最早、最经典的作品是特宫。

◆ 巴洛克时期

16 世纪末至 17 世纪，建筑艺术发展到巴洛克式，园林的内容和形式也有新的变化。巴洛克建筑不同于简洁明快、追求整体美的古典主义建筑风格，而倾向于烦琐的细部装饰；喜运用曲线的技巧来加强立面效果，爱好以雕塑或浮雕来形成建筑物华丽的装饰。受巴洛克艺术风格影响，这时期的园林在形式上也产生了许多新变化，主要表现在反对墨守成规的僵化形式，追求自由奔放的格调，直至出现一种追求新奇、手法夸张的倾向。园林中的建筑物体量一般相当大，显著居于统率地位。林荫道纵横交错，甚至应用了城市广场的三叉式林荫道。植物修剪的技巧有了发展，"绿色雕刻"的形象更复杂。绿墙如波浪起伏，剪树植坛的各式花纹曲线更多，绿色剧场（由经过修剪的高大绿篱作天幕、侧幕等的露天剧场）也很普遍。流行用绿墙、绿廊、丛林等造成空间和阴影的突然变化。水的处理更加丰富多彩，利用水的动、静、声、光，结合雕塑，建造水风琴、水剧场（通常为半环形装饰性建筑物，利用水流经一些装置发出各种声音）和各种机关水法，是这时期的一大特点。总体而言，这个时期的园林风格也是从文艺复兴时期的庄重典雅，向巴洛克时期的华丽装饰方向转化。这时期比较著名的实例有阿尔多布兰迪尼庄园和伊索拉·贝拉庄园。

法国园林

法国园林经历了从仿造意大利台地园林风格造园，到逐步形成法国古典主义园林风格的过程。

◆ 概况

法国位于欧洲大陆西部，三面临海，地势东南高西北低，大部分为平原地区。境内河流众多，受海洋性气候影响，全国气候温和湿润，雨量适中，森林覆盖量大，树种丰富。开阔的平原、河流与大片森林为造园活动提供良好的景观基底，影响了法国古典主义园林风格的形成。

法国园林萌发于罗马统治下的高卢时期，这个阶段园林以种植蔬菜、果树等实用性风格为主。罗马帝国崩溃之后，法国于 843 年成为独立国家。在 12 世纪前后，十字军东征将东方文化中的建筑、园林艺术及贵族们的生活方式带入西方，影响了法国园林的发展。而在 1495 年，国王查理八世发动那波里远征，虽然军队失败而归，使得法国元气大伤，但是在这个过程中，国王及贵族接触到大量意大利文艺复兴初期的文化艺术，对此极为推崇，并且带回大量意大利书籍、绘画、雕刻、挂毯等艺术作品，还有那波里的造园家，因而法国园林进入模仿意大利文艺复兴时期风格为主的阶段。这个时期城堡建筑保持中世纪的高墙和壕沟，在花园中运用古典雕塑、图案式花坛、岩洞等造园要素，仿造意大利台地园林风格造园。

随后一批去意大利学习的建筑师回国，开始在意大利台地式园林基础上注重与法国建筑特色融合，突破原来对于造园要素和形式的模仿。法国古典主义园林风格开始形成，主要代表园林有谢农索城堡花园、维兰德里城堡花园和卢森堡花园。除此之外，造园家与造园理论也开始涌现，E. 杜贝拉克在 1582 年出版的《蒂沃里花园的景观》中，提出适合法国平原地形为主的规划布局方法；J. 博伊索撰写的《依据自然和艺术的原则造园》是法国园林艺术的重要开端；C. 莫莱也创造了法国园林中的刺绣花坛形式。

17 世纪的欧洲充满了动荡与变革，直至路易十四建立了古罗马帝国以后欧洲最强大的君权，确立法国在欧洲的中心地位。与此同时，法国园林也正式形成区别于意大利文艺复兴时期台地园的本土风格，大量优秀园林作品的出现引领了欧洲造园风尚。

◆ A. 勒诺特尔与勒诺特尔式园林

法国古典主义园林艺术理论在 17 世纪上半叶已经逐步成熟，而路易十四时期的绝对君权统治使得法国经济发展迅速，社会安定，皇家生活追求享受和排场，这些社会背景为园林艺术的发展与创造提供适宜的背景。造园家 A. 勒诺特尔就是在这个时期出现的，并且创造了闻名于世的勒诺特尔式园林，如凡尔赛宫苑、枫丹白露宫、丢勒里花园等。

勒诺特尔 1613 年出生于巴黎的造园世家，其祖父皮埃尔曾为 16 世纪丢勒里花园设计过花坛，其父则是路易十四时期的园艺师。他从十三岁起即师从宫廷画家 S. 伍埃学画。离开画室后跟随其父学习造园和园艺技巧，同时也学习建筑、透视法和视觉原理等相关知识，为其后期的伟大创作打下坚实的基础。1640 年，勒诺特尔与名叫 F. 朗格卢瓦富家女的婚姻，使得其获得与贵族阶层接触的机会，让他的造园才华为当时的贵族阶层所熟知，并拥有充分展示的机会。

沃 - 勒 - 维贡府邸花园是让勒诺特尔一举成名的庭院。在这个花园中，他采用了一种前所未有的空间形式，通过轴线与运河及各种造园要素的应用，创造了令人耳目一新、震撼不已的园林。这座府邸花园作为一件划时代的作品，也让他获得为路易十四建造凡尔赛宫的机会，与众多当时的艺术家、建筑家共同工作，使得勒诺特尔式园林成为法国古典主义园林的代表。

在勒诺特尔之前，意大利台地园作为欧洲园林的代表已经渡过了辉煌时代，走向装饰繁复的巴洛克风格的泥潭。勒诺特尔在园林中运用的露台、栏杆、池泉、雕塑、绿篱等造园要素，虽然一直存在于意大利台地园之中，但是他通过空间结构与节奏的把控，突出轴线、运河、花坛等要素，创造出以平面构图为主的园林形式。这种风格的园林欣赏视角不同于意大利造园从高处俯瞰，而是利用宽阔园路与水面的设置形成深远的透视线，展现出开阔疏朗之感。区别于意大利台地园的立体堆积感，以简明优雅的空间形式突显园林的恢宏场景，更加符合法国以平原为主的自然环境。因此勒诺特尔式又被称作"广袤式"。

勒诺特尔在对前人造园艺术学习的基础上，对园林要素的运用也发展出自己的风格。尤其是在水景营造上，表现出独一无二的特征。他一方面有意识运用镜面水景营造类似于法国平原上常见的湖泊河流等形式；另一方面也通过设置运河、水渠，进一步突出静态水景在园林中的比重，营造辽阔、深远的场景。如在维康府邸花园中将运河作为横向轴线，创造了前所未有的景观效果；并且在凡尔赛宫苑中进一步突出运河的地位，构成十字交叉水渠，扩大庭院的开阔之感。同时在勒诺特尔的作品中，也有大量喷泉与瀑布，运用的动态水景除了个体观赏性之外，更加注重与植物、地形等周边环境的融合，创造出"水剧场""金字塔喷泉"等多处经典水景。

在 18 世纪初，由勒诺特尔的弟子 L. 布隆协助 D. 德扎利埃完成被誉为"造园艺术圣经"的《造园理论与实践》，该书完善了法国古典主义园林理论。

◆ 艺术成就

法国古典主义园林与意大利台地花园相比，强调平面的展开与构成，运用图案繁复的刺绣花坛来营造花园，把花园当作一个整体进行园林创作，形成与宏伟宫殿相匹配的整体构图效果。这一特征由法国花坛风格奠定者 C. 莫莱确立，在其创造的阿奈花园中，强调花园与建筑的整体性。克洛德的儿子安德烈作为造园家，也是路易十三的花园主管，在 1651 年出版的《游乐性花园》一书中，完善了其父亲在园林总体布局上的构想，为路易十四时期"伟大风格"的出现奠定基础。在书中他提出宫殿前应有两三行壮观的行道树作为林荫道，在宫殿后面布置刺绣花坛，使得从宫殿内部可以欣赏花园的全貌。同时随着距离宫殿越来越远，花园中的装饰性景观应该逐渐减弱，完成建筑与自然之间的过渡。

J. 布瓦索则是为法国古典主义园林艺术理论做出伟大贡献，其提出造园家必须具备艺术原理和素养，熟悉植物配置与空间设计技术。在出版的三卷《依据自然和艺术的原则造园》书中，他主张人工美高于自然美，园林营造需要遵循艺术构图法则，形成井然有序、布置均衡的格局，并且强调园林中的植物、路网等诸多造园要素需与艺术构图关联，构成整体和谐的园林。

而被誉为"王之造园师和造园师之王"的勒诺特尔使法国古典主义园林风格达到巅峰，将艺术构图原则与造园要素完美组合，通过园林展现皇权至上的主题思想，突出了路易十四作为"太阳王"的绝对统治地位。其创造的花园府邸通常位于场地最高处的中心统治地位，宫殿前庭与城市相连，后院则是在规模、尺度、形式上都与建筑匹配的花园，使得君王位于宫殿中即可俯瞰城市与花园。平面构图以中轴控制为主，通过两侧小路与中轴共同编织出几何秩序明确的图案。在轴线上通过水池、林荫道、喷泉等要素的运用，体现中央集权的政体。整体花园营造中，贯彻前人奠定的法国古典主义园林中关于自然美与人工美的理论，通过尺度与空间构图将园林无限性体现得淋漓尽致。其创造的园林风格不仅是法国古典主义园林的代表，也成为突破了意大利台地园林风格的欧洲园林新典范，在之后影响欧洲造园风格百年之久。

荷兰园林

荷兰园林经历了以城市内小游园及城市住宅中的园林为主的时期、以城堡建筑内的园林为主的文艺复兴时期、法式园林时期 3 个阶段。

荷兰（the Netherlands，音译为"尼德兰"）位于欧洲西北部，濒临北海，与德国、比利时接壤。阿姆斯特丹是宪法确定的荷兰正式首都，然而，政府、国王的王宫和大多数使馆都位于海牙。"尼德兰"荷兰语字面含义为低地国家，来源于其国内平坦而低湿的地形。在国土中有一半的国土低于海拔 1 米，绝大多数低于海平面土地为人工制造。

16 世纪开始，荷兰人利用风车及堤防排干积水，从海中及湖中造出圩田。荷兰人自古以来以喜欢栽花种草而闻名欧洲。在文艺复兴运动前主要以城市内小游园及城市住宅中的园林为主。而文艺复兴时期以城堡建筑内的园林为主，此类园林以花坛为主要观赏要素，偶尔以彩色砂石作为底衬。在这个时期也有许多园林著作，如H.V.弗里斯的《花园图案全集》、C.帕斯的《园艺花卉》等。

直到17世纪末，法国勒诺特尔园林传至荷兰，在荷兰皇室及上层阶级开始盛行法式园林。当时的造园家有S.辛伍埃、D.马罗特、J.罗曼及J.科尔等。荷兰这个时期比较出名的罗宫花园、迪尔伦园、伏尔斯特园等均出自他们之手。这个时期的园林著作有H.高斯的《宫廷造园家》、J.格伦的《荷兰造园家》等。

德国园林

德国园林是欧洲园林的分支，主要经历了中世纪园林、建筑艺术园林及风景式园林3个阶段。

◆ 中世纪园林

中世纪时期的园林包括早期的修道院花园，据圣加仑修道院设计图推测其出现于约820年；而趣园作为重要的园林类型也诞生于这个阶段。

在骑士社会时期，花园则具备了多种象征意义：如教堂、圣母、天堂等。鼎盛时期的庭院花园发展了更多的类型，如玫瑰园、动物园、迷园等。

中世纪末期市民花园开始兴起，体现出民众对植物的热衷，并开始出现了经济花园，而园艺师也开始成为一种正式的职业。

◆ **建筑艺术园林**

建筑附属园林开始于新园林艺术的发展，这个时期的花园体现出对植物学的兴趣，产生了植物园，并开始了古董（如雕塑等）的收藏。主要实践包括了市民花园和文人花园、贵族花园和诸侯花园。

在30年战争（1618～1648）结束后的战后重建期间（1650～1680），德国逐渐受到来自意大利、法国和荷兰的影响，开始发展巴洛克式园林，该时期的园林理论家 J. 福特巴赫撰写了多部著作。

随后便迎来了"德国巴洛克园林的黄金时代"（1690～1740），其中最负盛名的是汉诺威的海恩豪森花园、柏林的夏洛滕堡、安哈尔特的奥拉宁鲍姆等。德国各地都在如火如荼地进行巴洛克式园林的建设，如萨克森公国以德累斯顿为中心，建设了茨温格宫、大花园、莫里茨城堡、皮尔尼茨宫等；拜仁地区以宁芬堡等为主要代表；卡塞尔及黑森地区则建设了威廉高地、卡捎尔、达姆施塔特诸侯花园等；此外科隆、石勒苏益格－荷尔斯泰因等地也有大规模的实践。

洛可可时期（1730～1770）开始受到中国的影响，重要的作品包括波茨坦地区的无忧宫、维尔兹堡宫殿亲王主教花园以及施韦青根宫殿花园等。

◆ **风景式园林**

风景式园林，早期受到英国的影响。欧洲大陆第一个大尺度的自然风景式花园，即德绍－沃利茨花园王国，是德国古典风景园林的典型代表。而 1804 年由 F.L. 斯科尔主持的慕尼黑英国花园于 1792 年向 4 万名慕尼黑市民开放为人民公园，除了拥有自然风景园的典型风格外，还具有重要的公共空间意义。此外，各地的巴洛克园林也都在风景园的影响下进行了一定程度的改造，如 1785 年后的威廉高地，1777 年后的施韦青根宫殿花园等。

浪漫主义时期也被称为成熟的风景园，以普鲁士皇家园林设计师 P.J. 莱内和 H.F. 皮克勒为代表，前者擅长自然性的统一，后者强调细节空间的布局。莱内受到斯科尔的影响，先后完成了波茨坦－柏林地区大片皇家园林的改建和建设，包括无忧宫及夏洛滕庭院、格利尼克公园、波茨坦新花园、孔雀岛等在内的延绵不断的园林群，其遍布德国的实践项目多达 300 个。此外，莱内还对柏林的城市规划建设起到了重要的作用，如其主张的大地美化，并完成了柏林城市绿心，即动物园的设计建设等。而皮克勒不仅完成了包括巴特穆斯考公园、布拉尼茨公园、巴贝尔斯堡公园的设计建设，还撰写了《风景园艺概要》，是德国浪漫主义时期最为重要的理论著作之一。

奥地利园林

奥地利与德国有着紧密的历史关系，其园林历史也顺应欧洲园林史发展历程，经历了向往人造自然的文艺复兴园林、崇拜几何美学的巴洛克式园林以及启蒙运动后的风景式园林 3 个主要阶段后，开始向城市公园发展。

受意大利文艺复兴园林的影响，位于因斯布鲁克的安布拉斯城堡花园，推测由 G.von 赫尔芬斯坦于 17 世纪中叶推动建设，是为斐迪南二世的妻子 P. 韦尔泽以意大利花园为蓝本建造的私人花园；而位于维也纳的新格鲍德宫的花园和狩猎园由马克西米利安二世皇帝始建，呈正方形，四周围有围墙，中间由横轴划分空间，并排列台地，台地上由装饰花坛划分空间，北部尽头为一个小水池。

巴洛克园林的代表如位于维也纳的欧根亲王的府邸——集法国花园和意大利庄园花园为一体的美景宫与霍夫宫，同为 L. 希尔德布兰特及 A. 青纳的作品。而由特蕾西亚和弗朗茨一世完成建设的巴洛克园林美泉宫，代表欧洲文化历史和艺术价值，1996 年列入《世界遗产名录》。萨尔茨堡地区则包括米拉贝尔城堡花园，其空间规划融入城市、轴线与城市要塞相呼应；而始建于 1613 年的海尔布伦宫殿公园，则尤以其中的水景游戏最为著名。

风景式园林的概念于 1770 ～ 1800 年传入维也纳及其周边地区，最早的风景式花园包括如纽瓦德艾格的黑山公园和珀茨林斯多夫公园等，均成为维也纳休闲游憩的目的地。

西班牙园林

西班牙园林体现了自然地理与民族文化的融合。

从地域范围上，西班牙的领土衔接大西洋、地中海、欧洲南部伊比利亚半岛、非洲北部 4 个不同的自然地理区域，其植被和景观条件具有跨区域、多样性。在文化演进中，中世纪以前，西班牙的古典园林包含了古罗马、古波斯、伊斯兰的园林艺术；16世纪至19世纪，在继承本土化造园艺术的同时广泛受到周边国家（意大利、法国、英国）的园林实践的影响；20世纪以来，现代西班牙园林在城市规划师、建筑师、风景园林师、生态学家以及艺术家的努力下，广泛参与到城市规划建设和自然环境保护，从而再一次丰富了现代西班牙园林的内容。

◆ **罗马时期**

西班牙境内保存有众多的罗马时期城市和建筑遗址，此时期的园林艺术体现在古罗马郊外田园别墅的柱廊式庭院，其装饰艺术主要体现在种植地中海植物的几何花坛，马赛克墙饰和花瓶、雕塑物。现存遗址有西班牙帕伦西亚市的拉·奥梅达罗马别墅。西班牙古罗马园林艺术还保存在城市公共设施中，例如运动场、浴场、剧院里。西班牙梅里达市的古罗马剧院的前厅发掘出一座园林遗址，它曾经由环绕的水渠、喷泉、日晷、雕塑组成。

◆ **中世纪时期**

中世纪时期的园林艺术主要由西班牙伊斯兰和基督文化为代表，体现了宗教美学、园艺学、建筑学的综合成就，其主要集中于西班牙南部安达卢西亚省，其中三处园林遗址均纳入联合国教科文组织的《世界遗产名录》。分别是1984年入选的，全球唯一保存完好的伊斯兰时期的宫殿，格拉纳达市的阿尔罕布拉宫以及旁边的赫内拉利费宫和阿尔拜辛老城区；1994年入选的，科尔多瓦老城区中以其大清真寺为核心的辐射区域；2018 年入选的，科尔多瓦市郊区哈里发市麦地那阿扎哈拉城市遗址。西班牙的伊斯兰艺术园林中的植物以橘树、棕榈和柏树为主，多以矩形平面分布，为重要的洗礼仪式提供场地，多设有大理石喷泉池。例如科尔多瓦大清真寺，建造于 786 年，是至今保存完好的欧洲最古老的橘院。西班牙伊斯兰艺术园林也受到

西班牙阿尔罕布拉宫内的帕塔尔花园

科尔多瓦大清真寺

古罗马建筑、园林的影响，善于使用水、水渠、大尺度的方形水池作为重要的设计要素，表达深邃的空间哲学，如阿罕布拉宫殿群内的香桃木庭院、狮子院、赫内拉利费宫的水渠庭院。西班牙基督文化的宗教型庭院主要体现在修道院建筑群，如西班牙布尔戈斯市的圣多明戈修道院、巴塞罗那市的主教堂修道院、巴利亚多利德市的弗朗西斯科修道院，通常在方形柱廊内院修建中央水井，种植香料植物、果树、药用树种的花坛。另外，世俗型的庭院主要表现在皇家城堡和宫殿建筑群，例如西班

牙巴伦西亚皇宫、欧利德皇宫等，布置了小尺度的果、菜园，环形的水渠、喷泉、雕塑和供人休憩的石凳。

◆ 16 世纪

16 世纪开始西班牙园林虽然受到文艺复兴运动和意大利园林的启发，其间的园林营造更开放地展示了 15 世纪美洲大发现带来的植物学、药学和美学的成就，并结合西班牙本土传统的园林风格，在欧洲独树一帜。例如，西班牙塞维利亚皇家城堡的穆德哈尔式庭院扩建、西班牙格拉纳达阿罕布拉宫的林达拉哈庭院、埃斯科里亚的圣洛伦兹修道院庭院。此外，一部分私家园林艺术在继承传统的伊斯兰造园技艺的同时，探索了城市内闹中取静的住宅庭院形式。居民们善于使用各种花盆装饰庭院，每年五月份在西班牙科尔多瓦市举行的庭院节成为城市盛景，被列入世界非物质文化遗产，这种类型的园林的经典代表主要是位于科尔多瓦市的比亚娜宫和塞维利亚市美术馆庭院。

◆ 巴洛克园林时期

17～18 世纪，西班牙巴洛克园林在皇室和贵族阶层发展兴盛，城市公共空间进入探索阶段。巴洛克私家园林的代表有马德里市郊外的圣伊尔德丰索宫廷园林、帕尔多之家、马拉加市的埃·莱蒂诺花园等。

◆ 19 世纪

19 世纪，面临工业革命与城市扩张，西班牙在欧洲较早启动城市公园建设，改善市民生活环境、提高卫生条件。19 世纪初马德里的丽池公园和摩尔人花园向马德里政府完成移交，从皇室园林成为城市公园，它们代表着公园和绿地空间日益成为现代城市的重要组成。

◆ 19 世纪末至 20 世纪初

19 世纪末至 20 世纪初，西班牙处于现代主义运动和加泰罗尼亚艺术运动时期，以 A. 高迪为代表的建筑师创造了继承浪漫主义的城市公园，他们重新建立了建筑、园林、场地的有机联系，如桂尔公园、阿提加斯公园、圣克洛蒂尔德花园和玛丽穆特拉植物园实现了地中海自然风光与园林艺术的完美融合。

巴塞罗那桂尔公园

◆ 20 世纪末至今

20 世纪末至今，西班牙本土设计师的创作显露出多元化、个性化，以及专业复合化的趋势。本土景观设计师的代表主要有巴斯克地区的雕塑家 E. 奇里达，加那纳利群岛的 C. 曼里克，加泰罗尼亚自治区的 RCR 事务所的 E. 米拉莱斯、E. 巴特约、I. 汉莎娜，南非的 T. 季诺里斯。其中，奇里达的钢铁雕塑作品有《风之梳》。

《风之梳》

葡萄牙园林

葡萄牙的风景园林体现了自然和文化景观的和谐共存。

葡萄牙国土呈南北分布，其地理与气候条件形成多样性的景观。例如，北部山区受到大西洋气候影响，水土丰润，人们利用灌溉技术在浅山发展农业，形成梯田景观，尤其在杜罗河谷形成了历史悠久、风光优美的葡萄园文化景观；中部地区多起伏的丘陵平原，开阔的农田和成群的橡树林交替出现；南部地区则受到地中海气候影响，早期罗马人和伊斯兰人发展水利技术灌溉橘园和菜地，在高山种植杏树；西部的大西洋的岸线呈现了北部高耸的山崖到南部平静的沙滩，富有沙丘、湖泊、崖壁、砂岩等风景。葡萄牙属地马德拉和亚速尔群岛位于大西洋，由一系列火山岛组成，有着潮湿、温和的气候。马德拉除了陡峭的崖壁就是一片绿意盎然的山坡，亚速尔则是宁静祥和的牧场和火山湖泊景观，它们是与自然与文化和谐共存的景观。

早期的葡萄牙园林活动可以追溯到宗教性庭院，更多受到西班牙埃斯科里亚宫文艺复兴建筑风格的影响。例如 14 ～ 16 世纪建造的巴塔拉修道院、埃弗拉的圣弗朗西斯科修道院、科英布拉市的圣克鲁斯修道院采取十字形步道划分花坛，曼加花园在中央喷泉上建造了凉亭建筑。

此外，郊野庄园于 16 世纪末开始兴盛于皇室和贵族之中。庄园通常选址在丘陵之上，视野开阔、风景优美，重视植物与地形的完美结合。佩纳·维尔德庄园是同时期最经典的园林代表，它对陶瓷饰面和水池的艺术处理展现了典型的 16 世纪葡萄牙园林特点。里巴福利亚庄园和巴卡罗阿庄园更体现了意大利与西班牙文艺复兴园林风格的融合，庄园规划了大面积的矩形水池，用以倒影天空和环境的美景，并修整的黄杨树篱，由内向外种植紫杉、橘树，增加景观高度层次，这是典型的葡萄牙园艺技法，即在有限的地块利用高差扩充空间的设计哲学。本菲卡之家是 17～18 世纪修建的河谷庄园，除了花丛和矮树遵循几何修剪外，它的特点是使用大面积的水池倒影建筑和植被的景色，而且在水池的一侧修建景观墙和临水平台，在垂直空间上突破了传统的葡式园林结构。

18 世纪的巴洛克园林在葡萄牙发展出叠水和梯台园林的类型。这种园艺设置于修道院的登山入口步道，有着锯齿形梯台和跌落的水道，园林案例有葡萄牙的布萨科公园的叠水阶梯、布拉加和拉梅戈的修道院入口景观台阶。

19 世纪末的城市公园具有浪漫主义和异域风情，波尔多市的水晶宫公园由一系列主题花园组成，可俯瞰波尔多城市与河谷的美景。首都里斯本建设了部分城市公共观景平台，圣·佩德罗·德·阿坎塔拉观景台和圣·卡塔琳娜观景台公园是欣赏城市景观的开放空间和休闲场所，通常布置有皇室风格的草坪和喷泉来营造宁静的城市环境。

20 世纪至今，葡萄牙现代园林发展既有大尺度的国家纪念性风格，也有自然和人文和谐共存的城市公园。例如，1940 年首都里斯本举办世博会，兴建了贝伦修道院的帝国广场，其边长达 175 米，它与相邻的发现者纪念碑成为世界闻名的文化地标；而另一方面，城市文化公园则探索了自然与人文的和谐共存，最为著名的是里斯本的古尔本基安基金会花园，它是葡萄牙现代园林最杰出的作品。近年来葡萄牙当代的景观实践探讨了城市和环境的融合，例如塔古斯河流的线性公园，它试图用长达6千米线性设计重新定义河岸的自然和人文活动，修复地方生物多样性的同时塑造丰富的城市公共休闲空间。

英国园林

英国园林的风格经历了从文艺复兴式园林、规则式园林到英国自然风景园，再到"乡村花园"的过程，在世界风景园林发展过程中有重要地位。

英国与欧洲大陆国家的园林相互影响和促进，共同推进了西方园林史的发展。

◆ 从向内的庭园到建筑周围向外的花园

罗马人的启蒙：英国早期园林的萌芽（公元5世纪以前）

英国最早的园林出现于罗马帝国征服英国后的公元1世纪左右。这一时期的花园通常是位于建筑群中间的院子，用四周有壁画的墙垣围合，地面用马赛克铺出装饰图案。小型鱼池和石柱也是常用的要素。位于萨塞克斯郡的菲什伯恩罗马宫是为数不多的实例。该花园用几何对称式布局，四周用建筑围绕，中间用砾石步道隔开，间插着雕塑、陶罐或座椅等装饰元素。主体建筑旁有小型的厨园，种植着蔬菜果树等。罗马人从埃及、波斯、希腊等地引进了各种植物，并把其中一部分成功移植到了英国，早期园林在英国开始萌芽。

宗教建筑和城堡中的庭园（公元 5 ~ 15 世纪）

罗马人撤离英国后，英国陷入数百年战乱，因此从公元 5 世纪到 9 世纪左右，英国重要的园林建设很少，几乎没有留下文字记录和实物。

大约公元 6 世纪开始，罗马教会的传教士大量进入英国传教，基督教堂和修道院等开始兴建。从公元 9 世纪开始，随着中世纪修道院厨园和药草园的兴起，功能性园林逐渐进入修士和信徒的生活。这些宗教建筑用长长的回廊围合出中间开阔的草坪，部分区域被划作厨园和药草园，为他们提供食物和必需的草药。院子中间有水池或喷泉，提供日常用水。这一时期还出现了另一种庭园，即城堡中的庭园。城堡虽然以军事功能为主，但在和平时期也会见缝插针地建造小庭园。一般包含蔬菜园，或者抬高的花池和穿过庭园的小路，有时还有草坡座椅，或用于远眺的高土坡，能为城堡中的士兵带来些许休憩空间。总体来说，中世纪时期的园林以被高墙围合的内向型庭园为主，功能以提供日常食物为主。

花园作为建筑外围空间（中世纪晚期以前）

到中世纪晚期（约 15 世纪），封闭的城堡逐渐被略设防御功能的庄园建筑取代，建筑变得更加外向。16 世纪，英王亨利八世开展了宗教改革，皇室和新贵族及富人阶层开始大规模的"圈地运动"。富人阶层对休闲活动的需求增多，庄园中花园的功能也逐渐向休闲运动场所转变。这时的花园需要更宽阔的空间，于是从受限制的建筑中间庭院移到了建筑周围。这些花园往往包含简单的草皮，周围用绿篱加以围合，草皮上则可以开展保龄球和网球等运动。大约从 13 世纪起，植物的审美价值逐渐被重视。草坪被人工修剪得整整齐齐，周围可能有长满藤蔓的棚架走廊供人们散步。花园中也出现了早期的"英式花境"。到 15 世纪时，整形树木已在花园中普遍运用。这一时期，英国园林已经由以前受建筑尺度限制位于建筑中间的生活服务型庭园，逐渐转移到了建筑周围的广阔空间，休闲娱乐也成为其主要功能。

◆ 向欧洲大陆学习：规则式园林（18 世纪以前）

英国的意大利文艺复兴式园林

都铎王朝（1485 ～ 1603）时期，英国园林受意大利文艺复兴古典园林影响很深，发展较为迅速。英国文艺复兴式园林通常以建筑为轴心，四周有几何式小花园，强调花园线条的形式和比例。在罗马人离开英国约 1000 年后，日晷和雕像等要素作为装饰又重新回到英国园林中。都铎时期园林最重要的要素之一是"结纹园"，即运用矮绿篱修剪出复杂的几何形图案，空隙部分再填上彩色的花池或整形矮灌木，再建设高台或抬高步行道，以便人们可以从高处俯瞰欣赏结纹园的图案。都铎时期园林保存完整的实例不多，位于伦敦的汉普顿宫较具有代表性。宫殿建筑南面有多个几何式对称小花园，讲究文艺复兴式的线条和比例。经过1992 ～ 1995 年对"密园"和"结纹园"的修复，再现了最早都铎时期的风格。

I. 琼斯是 17 世纪初英国重要的设计师。他游历了意大利，把帕拉第奥风格建筑首次带回英国并大力推广。他认为这种强调精准比例的设计风格，可以达成建筑与花园之间的平衡与和谐。到 17 世纪中后期，讲究几何形式与比例的文艺复兴式建筑和花园成为英国园林设计的主流风格。

规则式园林的高峰：来自法国凡尔赛的影响

17 世纪，法国开始流行在建筑旁建造大尺度的规则式"欢乐花园"，以便宫廷或贵族举办活动时能容纳大量的人群。凡尔赛宫花园是这一时期的代表，它将建筑与园林统一整体布局，各花园安排井然有序，规模宏大，尺度壮丽，体现了至高无上的皇权。这一风格引领了当时欧洲园林发展，并很快传到斯图尔特时期的英国（1603 ～ 1714）。英国贵族们纷纷以此为蓝本建造自己的花园，其主要特征包括从建筑延伸出宽阔的林荫道，左右两侧辅以一系列矩形花园或花坛。位于德比郡的查茨沃斯庄园是其中典型代表。这一时期涌现出 G. 伦敦和 H. 怀斯等古典主义园林设计师，建设了许多大尺度的几何式花坛、结纹园和林荫道等。来自法国的规则式古典主义园林，在 17 世纪中后期成为英国园林的主导风格并达到发展的巅峰。

17 世纪末到 18 世纪初，随着英国社会、科技、经济和政治的剧烈变化，人们对园林风格的审美也发生了巨大改变，一种改变世界园林史的新风格即将出现在英国的土地上。

走向"浪漫主义"：英国自然风景园

从 17 世纪开始，英国自然科学发展较快。1687 年，I. 牛顿发现万有引力和三大运动定律，奠定了近代物理学基础。一些科研机构，如科学研究院、皇家学会等相继成立，促进了人们对自然界的了解突然爆发性增长，英国社会与自然的关系从未如此接近。光荣革命（1688～1689）后，荷兰裔的威廉三世成为英国国王，他将更自由的荷兰风格园林带到了英国，把自然的乡村风景当作园林的延伸部分，受到人们普遍欢迎。光荣革命开启了英法的第二次百年战争（1689～1815），英法成为敌对国家，这使得18世纪开始后，英国社会审美也与法国背道而驰。新兴的富人阶层为了表达与法国和过去斯图尔特时期旧贵族不同的审美情趣，开始反对古典主义的规则式园林。1713年，讽刺诗人A.波普发表文章，批评了当时的规则式园林，反对不符合自然规律的整形植物等。1715年，S.斯威泽发表了《贵族、绅士和园艺师的娱乐》一书，批判了法国规则式园林体现控制自然、改变自然的设计哲学，提倡自由主义和文化启蒙，鼓励更多的自然景色融入园林。这种欢迎自然风格园林的观点符合当时英国社会想要的全面超过法国的需求，为英国自然风景园的出现铺平了道路。

◆ 挣脱"规则"，走向自然的英国园林

18世纪初，自然形式园林出现的政治需求和社会基础已经具备，但仍需在实际园林建设中采用合适可行的设计手法和建造技术。C.布里奇曼正是早期在规则式园林中加入自然形式元素的先行者。他欢迎多元化，并不完全去除直线形的步行道或整形绿篱，而是在规则式园林中加入自然散置的树林等。他把低于地坪的"哈－哈"（一种单面垂直的下沉干壕沟，或译成"隐垣"）引入园林中作为边界，代替了古典园林的高墙和绿篱，从而去除了园林与乡村之间视线和空间的阻隔。从此，把自然形态的乡村风景引入英国园林的设计哲学，有了实现的设计手法，开始被广泛运用。

另一位设计师 W. 肯特则比布里奇曼更进一步。当古典园林的高墙被打开后，作为画家的肯特，希望园中游客可以观察和欣赏到周围的自然景色，于是他把园林之外所有的乡村都纳入了设计考虑范围。肯特于1719 年与建筑师布林顿勋爵三世开展了英国园林史上"最重要的合作"，即奇斯威克庄园的建筑和园林设计。布林顿勋爵设计了帕拉第奥风格的主体建筑。肯特认为不规则形式的自然风景是按上帝意愿创造的，因此园林的总体布局呈现出非规则的自然形态。奇斯威克庄园被誉为是英国一个真正自然形态的园林。

肯特把这种向古典风景画学习的设计哲学也运用到了斯托园、罗舍姆庄园等园林中，18 世纪初受到英国社会的普遍欢迎。此时的英国自然风景园也逐渐发展出了早期的特征，包括：①园林为自然形态的不规则布局。②用"哈 - 哈"划定园林边界。③包含自然形态或蛇形的湖泊。④用树林和步道创造视觉走廊，以神庙、岩洞、纪念物，或古迹作为对景。⑤精心设计园路以引导视线和体会空间变化。

理想化与简单化的"人工自然"：鼎盛时期的英国自然风景园

L. 布朗比布里奇曼和肯特都更进一步。为了创造他心中理想的自然形态园林，他可以去除所有几何式花园，甚至改变现有地形，即使需要人工堆山或筑坝建湖。布朗的设计不太关注园林中构筑物等小品的运用等细节，而是更注意风景的主要元素组合方式，包括如何创造有起伏的地形，布置成组的树木，创造自然形态的宽阔水体，如何安排水体周围空间，引导视线和流线组织等。他在邱园改造过程中，把肯特设计的许多园林小品都去除了。在弥尔顿修道院项目中，他甚至将整个小镇完全搬迁，创造出两平方千米连续的缓坡与树林组合成的大尺度风景，令人惊叹。布朗的设计风格简洁纯粹，但又以精心的视线设计带给人以视觉和空间的变化。这种大尺度的经人工手法改良过的自然风景，极具视觉震撼，而且长期维护费用低，逐步成为贵族和富人庄园主喜欢的风格，很快就席卷英国。

走向"浪漫主义"："如画式"的英国自然风景园

18 世纪晚期，人们认为布朗的园林风格过于简单，与早期要求园林设计要向古典风景画学习的哲学相悖。1782 年，W. 吉尔平在关于英国文化的争论中，提出了"如画式"的美学概念。他认为地形缓慢起伏的英国乡村就如同古典风景画，具有和谐的"自然美"。而乡村中存在的中世纪哥特式建筑废墟，通常尺度巨大，具有令人敬畏的"壮丽美"。这两种相互矛盾的审美心理，让人的情绪陷于曾经的中世纪辉煌，同时又有对原始自然的向往，从而产生出"浪漫主义"的审美情趣。英国自然风景园被认为是表达这种"浪漫主义"风景的最佳载体。人们认为园林应该包含原始的乡村景色，以及灵活多变的园林要素，同时也需要考虑前、中、远各层次的景色。H. 雷普顿把"如画式"的理念放到设计中。他认为园林中的前景应当是充满艺术性的设计，可以是小尺度的几何式花园或装饰植物园等；中景应当是布朗风格的人工改良的自然景色；而远景，则应是天然的自然乡村。他重新把小尺度的台地园、装饰花园等规则式小花园放回到了建筑周围，以此向外是人工调整后的自然草坡和林地，最外围是"借"入园林设计的乡村作为远景。这种从建筑出发，由规则式花园向自然式园林过渡的空间模式组合，标志着英国自然风景园晚期"浪漫主义"阶段的成熟。

英国自然风景园在 18 世纪中叶开始受到法国关注。一些欧洲大陆国家，如德国、荷兰、俄罗斯等都在 18 世纪末开始效仿英国自然风景园，并广泛地传到了欧洲和世界。

◆ 中国园林对英国自然风景园的影响

中国园林 17 世纪传至荷兰等欧洲国家，对英国自然风景园产生了一定程度的影响。1685 年，W. 坦普尔爵士出版了《论伊壁鸠鲁的花园》一书，介绍了中国等东方国家的非对称式园林。他注意到中国园林避免规则式的布局和植物种植，而是将它们随机组合，创造出美丽的景致，具有"无序的美"。1712 年，英国作家 J. 艾迪生引用了坦普尔关于中国园林风格的描述，并以此攻击当时英国推崇的法国规则式园林，提倡向中国和日本等东方国家的非规则式园林学习。

中国园林的异国风给英国设计界带来了新奇感和神秘感。1738 年，W. 肯特在斯托园建成了英国第一个中国小屋。1762 年，他在邱园建成中国园和中国塔后，引起英国社会巨大反响。中国园逐渐成为英国自然风景园中常用的园林要素，之后又随着英国自然风景园传入法国等欧洲大陆国家，人们称之为"英中式园林"。

◆ "艺术与手工艺运动"和英国的"乡村花园"

18 世纪末的"如画式"英国自然风景园由于包含了规则和非规则两种形式的花园，有较强的包容性，也逐渐延续到 19 世纪末的维多利亚时期（1837 ～ 1901）。这一时期的园林增添了一些装饰性元素，如抬高的花池、新奇色彩的植物，以及钢铁等现代材料建造的细节繁复的小品。人们的审美介于规则式和自然式园林之间，设计师也常常把二者结合运用，但总体风格变化不大。

从 19 世纪中叶起，人们对大量粗糙的现代工业材料的运用提出质疑。到 19 世纪 60 ～ 70 年代，许多设计师和艺术家开始尝试将传统手工艺装饰艺术加入设计。英国艺术批评家 J. 拉斯金对加强自然、艺术与社会之间的关系提出了思考；而 W. 莫里斯强调工匠的传统手工艺价值以及自然材料原始的美。这些讨论导致了 1880 年左右"艺术与手工艺运动"在英国应运而生，并传播至欧美甚至日本，对现代建筑艺术和园林发展产生了深远的影响。

G. 杰基尔把"艺术与手工艺运动"的理念运用到园林设计中，将花园和建筑看成一体，而不是建筑的后期附属品。杰基尔提高了花园中硬质构筑物的工艺水平。她强调建筑师和园林师的合作，大力推广花镜，主张运用色彩搭配的原则设计植物，利用小空间种植花草和攀缘植物，创造了充满乡间趣味的"乡村花园"，对近代花园的设计发展有较大影响。

◆ 英国园林对世界风景园林发展的贡献

英国园林在世界风景园林发展过程中有重要地位，其贡献主要体现在两方面。首先，英国自然风景园打破了欧洲几何式古典园林的传统，强调非规则式设计，把大尺度的乡村自然环境引入园林，创造出如风景画般的"浪漫主义"园林，是西方园林史上一次巨大的变化。其次，英国自然风景园促进了现代城市公园的诞生。英国自然风景园布局为非规则式，因此可以灵活运用并适应城市公园不同场地和功能需求。在工程造价和长期维护等方面，与古典园林相比其要求通常也较低。从19世纪中期开始，英国城市中的许多自然式皇家园林或私家园林被逐渐改为了城市公园，向居民开放，从而推进了世界现代城市公园和公共绿地系统的发展。美国设计师 F.L. 奥姆斯特德正是受到英国第一个城市公园伯肯海德园的启发，后来在美国纽约修建了中央公园，促进了国际范围城市公园的发展。英国自然风景园对提升城市人居环境质量和生态体系有独特的贡献。

美国风景园林

美国风景园林受法国古典园林的几何园林和英国自然风景园的有机园林的影响。

美国风景园林在短短的三百多年间取得了长足的进步。更准确地说，在19世纪中叶的内战结束，诸如极度混乱的社会秩序、工业发展带来的城乡矛盾、长期处于人权压榨的奴隶制等社会状况切实得到解决后这段时期，美国的风景园林（或者说公园的建设）才真正获得了实质性的提升和发展。

概括而言，美国的风景园林主要受到两种造园风格的影响，一种是来自法国古典园林的几何园林，另一种是来自英国自然风景园的有机园林。在前一种风格的继承上，时任美国总统 T. 杰斐逊起到了颇为关键的作用。T. 杰斐逊欣赏和仰慕凡尔赛宫苑，且他确定了测量美国大地的几何测量方式，因此，美国城市景观的建设时常透露出几何轴线和放射性的空间结构。在后一种风格的创造性发展中，美国的风景园林师 A.J. 唐宁和 F.L. 奥姆斯特德起到了教父般的作用。无论是唐宁广泛的艺术品位和建筑素养，还是奥姆斯特德的英国之旅所带来的奇思妙想，英国的自然风景园的造园和审美原则基本上可以算是美国建造都市公园的最重要的思想来源和设计模版。

1850 年，唐宁去英国考察风景园林艺术。此时正值英国城市公园发展全盛时期，在城市中兴建公共开放空间成为一股热潮，被社会学家们看作是社会文明发展和进步的表现。唐宁在英国结识 C. 沃克斯，说服其一起回美国从事园林设计，并介绍其与奥姆斯特德相识。随后，唐宁建议拥挤的纽约兴建一座庞大的公园，为城市贫民体验乡村舒适生活的场所。唐宁还与沃克斯、奥姆斯特德一道制定了庞大的公园建设计划。1852 年唐宁去世，沃克斯和奥姆斯特德于 1857 年继续完成纽约中央公园的设计工作。随后奥姆斯特德设计建造了一系列美国园林史中的经典案例，比如 1866 年布鲁克林的希望公园、1869 年芝加哥的滨河绿地、1880 年波士顿的公园道路等，甚至在 1893 年芝加哥世界博览会上，奥姆斯特德担任环境规划的总规划师，进一步将这种带有如画的阿卡迪亚的理想风景纳入环境建设中。随后，在 19 世纪末，美国有识之士推动了"城市美化运动"，希望借助城市公共空间的发展来抑制城市的急剧扩张。

这些象征美国新文明的公园的相继问世，标志着美国城市建设新时代的来临。公园建设反映出城市政府对民主的追求，设计师希望借此唤起公众的社会责任感。从此，园林不再是仅供少数人享受的奢侈品，而是为大众服务的公共娱乐场地，而在 20 世纪至今，世界风景园林营造的精彩纷呈，在很大程度上也是建立在 19 世纪美国园林积极探索的基础之上。

俄罗斯园林

俄罗斯园林指 12 世纪开始的俄罗斯的寺院园林、贵族庄园、自然风景园。

有关俄罗斯园林的记载始于 12 世纪。中世纪时寺院的园林颇为兴盛，贵族庄园中也有幽雅的园林，多以实用为主。1495 年莫斯科大火，城市建筑间的绿地起了防火作用，因而开始受到重视。17 世纪末至 18 世纪初彼得大帝统治时期，俄国同西欧国家交往频繁，俄国园林因受法国园林和意大利园林风格的影响，进入一个新的阶段。从此出现了气概宏伟的宫苑，严整对称的规则式布局风行一时。园林的功能由实用为主转为以娱乐、休息和美化环境为主。莫斯科的库斯科沃、阿尔汉格尔斯克庄园，圣彼得堡的夏花园、彼得宫（又称夏宫）和皇村是这个时期的代表作，并且留存至今。

　　18 世纪末，英国自然风致园风靡欧洲，且规则式园林养护管理耗费巨大，当时俄国又受到国内文学艺术思潮的冲击，于是出现自然风景园。乌克兰的索菲耶夫卡为早期代表作，园中没有直线道路，没有行列式种植，没有形状规整的水池、喷泉、花坛等，出现野草丛生的废墟、隐士草庵等浪漫主义情调的景物。圣彼得堡的巴甫洛夫斯克公园始建于 1777 年，是在俄罗斯自然森林风景的基础上建造的。该园既有规则式的布局，又有浪漫主义的痕迹，而大片森林则是全园的主体。森林有疏有密，有林中空地和林中水体，形成不同的空间。有丰富多彩的树丛、树群、灌木群，形成开朗与封闭的空间。有姿态优美的孤立树。少量建筑点缀在透视线的焦点上，在植物环绕的空间里愈发醒目，各具特色的局部融于主体即森林之中。这些独特的艺术风格使巴甫洛夫斯克公园被誉为俄罗斯园林的典范，对以后苏联园林风格的形成和发展有深远影响。

大洋洲园林

　　大洋洲园林主要由澳大利亚和新西兰地区的景观营造构成。

　　大洋洲的传统造园较为薄弱，没有形成自身的历史传统，但在 19 世纪之后，在外来文化的影响下，大洋洲地区的风景园林建设慢慢形成了自身独特的风格和特点。

　　值得注意的是，20 世纪初，大洋洲的风景园林和户外景观都由一些外国的设计师完成，如1912年澳大利亚的首都堪培拉的国际竞赛，W.B.格里芬和M.M.格里芬声称他们是澳大利亚的第一代造园家。很多的境外设计师非常着迷澳大利亚的地域景观，K.朗格便是其中的一位，他以布里斯班为实践阵地，把现代主义的思潮与当地的亚热带环境创造性地结合到一起。同时，丹麦造园家P.索伦斯在蓝山设计建造了艾沃格雷花园，属于工业美术运动的产物。

随后，在20世纪20～30年代左右，澳大利亚本土的造园始终处于地域性植物、建造材料与普遍流行的国际风格之间的纠缠中。直到60年代，澳大利亚的本土景观才具备自身的地域性，比如B.马克肯兹将地域性建造融入如画的公园范式中，设计出优鲁宾公园这样的佳作。随后享誉世界的园林作品主要包括阿斯派克工作室设计的皮瑞马公园、德拉尼设计的格雷比步行道及科塞尔设计的巴拉斯等。

在澳大利亚和新西兰的风景园林介绍中，《澳洲风景园林杂志》和《景观评论》是比较有效的信息媒介。《澳洲风景园林杂志》是澳大利亚风景园林协会出版的刊物，罗列了很多当代的造园实例。《景观评论》学术性较强，对于大洋洲风景园林设计和历史研究的学术动态具有巨大的价值。

日本园林

日本园林指在日本产生、发展的园林样式与类型。又称和风园林。

日本园林的起源事实上已不可考，从大范围上讲以公元前农业文明在日本的普及为背景。在汉代，大陆文化业已经过朝鲜半岛东传至日本。就当时而言，"园林"有庭或苑等形式，很大程度上只是园艺植物的种植园地。但日本人对生活环境的景观或美学的意识，确实是在大陆文化传入的刺激下逐渐发展起来。

文献中关于日本园林形成的雏形有不少相关记载。如公元 5 世纪末宫中有曲水宴，公元 6 世纪与 7 世纪之交推古天皇宫中造有须弥山及吴桥，岛大臣苏我马子建造了池泉园。此外依据考古发掘可知，建造于公元 7 世纪中叶以后的飞鸟及藤原宫的园林遗构已经具备了日本园林一定的独特性。

岛大臣苏我马子的池庭"岛之庄"尚存遗构，内有 42 米见方的自然驳岸水池，是当时大陆文化及园林影响下的产物。规则形制的园林可以认为是源自中国的大陆样式，正如韩国庆会楼及香远亭等那样的园林。在半世纪后建造的藤原宫已经不是规则形制的园林。如《作庭记》所言的"师法自然山水，随宜因之而立石"等论断，日本园林对自然景观的偏向其实反映了民族性的喜好，反映在吉野宫瀑布等当时流行的山庄离宫等样式中，这是之后形成的象征式自然风景这一日本园林的重要特征的文化性基因。

日本园林经历了长期的发展，呈现为多阶段多样式的特征，产生了诸如池泉回游、池泉坐观、净土式、枯山水、茶庭、借景等诸多园林类型及样式；同时亦遗存有各个时代的代表性的园林，如平安时代的平等院庭园、毛越寺庭园，镰仓室町时代的金阁寺庭园、银阁寺庭园、天龙寺庭园、西芳寺庭园等名园，江户时代的小石川后乐园、兼六园等代表性的池泉回游式庭园。甚至在近代，亦有以造园家七代目小川治兵卫及京都南禅寺园林群为典型的造园活动高峰，并且传承至现代。

总而言之，关于日本园林的总体特征，往往有自然风景式、缩景或借景、象征性景观、自然顺应式等多种说法。正如这些说法所表征的，日本造园自身的物质性与世界其他园林类型相比，确实具备强烈的自然主义属性。

本书编著者名单

编著者（按姓氏笔画排列）

马晓暐　　王向荣　　尤传楷　　邓　位

白　旭　　朱育帆　　朱钧珍　　朱祥明

刘　铭　　刘少宗　　李　然　　宋　岩

宋恬恬　　张　宁　　张宝鑫　　陈进勇

周苏宁　　周宏俊　　周维权　　赵纪军

施奠东　　秦玒瑶　　耿刘同　　贾祥云

钱丽源　　郭　维　　郭喜东　　常湘琦

慕晓东